W0263852

Petra Theuerkauff · Andreas Groß

Praxis des Klebens

Mit 60 Abbildungen

Springer-Verlag Berlin Heidelberg NewYork
London Paris Tokyo 1989

Petra Theuerkauff
Dr. rer. nat. Andreas Groß

Fraunhofer-Institut für angewandte Materialforschung
Abt. »Struktur und Verbundwerkstoffe«
Neuer Steindamm 2
2820 Bremen 77

ISBN 978-3-540-50352-1 ISBN 978-3-642-52127-0 (eBook)
DOI 10.1007/978-3-642-52127-0

CIP-Titelaufnahme der Deutschen Bibliothek
Theuerkauff, Petra:
Praxis des Klebens / Petra Theuerkauff ; Andreas Gross. -
Berlin ; Heidelberg ; NewYork ; London ; Paris ; Tokyo : Springer, 1989

NE: Gross, Andreas

Offsetdruck: Color-Druck Dorfi GmbH, Berlin; Bindearbeiten: Lüderitz & Bauer, Berlin
2068/3020-543210 - Gedruckt auf säurefreiem Papier.

Geleitwort

An Büchern über das Kleben besteht, zumindest im angelsächsischen Sprachraum, kein akuter Mangel mehr. Aber fast alle Bücher sind von Autoren geschrieben, die nicht selber kleben, sondern kleben lassen und dann die Ergebnisse, eigene oder die anderer, verwerten.

Das ist im vorliegenden Buch nun endlich einmal anders, denn seine Autorin ist seit vielen Jahren mit klebtechnischen Aufgaben in unserem Forschungsinstitut direkt befaßt und sein Autor auch hier mit chemischen Analysen und Synthesen sowie auch der Verarbeitung von Klebstoffen im Labor, d.h. vor Ort. Daher können sie besonders gut das Wissen über Klebprozesse aus eigenen Erfahrungen vermitteln und auch darstellen, was beim Kleben unbedingt zu beachten ist, um gute Qualität der Verbindungen zu erreichen und schädliche Folgen der Arbeitsschritte zu vermeiden.

Damit ist dieses Buch ein wirklicher Ratgeber für den, der klebt oder kleben will. Es kann Basis für eine zukünftige Fachausbildung sein.

Ich danke meinen kollegialen Autoren für Ihre gelungene Arbeit, die neben mit Kleben gut ausgefüllten Arbeitstagen entstanden ist und wünsche diesem Buch eine weite Verbreitung, die es verdient.

W. Brockmann

Vorwort

Das Kleben ist ein außerordentlich komplexer Vorgang. Jeder Einzelschritt beim Kleben ist für die Qualität der Verbindung wichtig, zumal nach Fertigstellung die Klebung zerstörungsfrei nur unbefriedigend auf Festigkeit und Langzeitbeständigkeit geprüft werden kann. Fehler, die, ganz gleich in welchem Verarbeitungsschritt, oftmals aus Unwissenheit begangen werden, wirken sich in jedem Fall negativ auf die angesprochenen Faktoren aus. Oder anders ausgedrückt: Eine Klebung verzeiht einen Fehler, ganz gleich welchen, nie. Diese Tatsache hat häufig zu einem vollkommen unberechtigt schlechten Ruf dieser Fügetechnik geführt, der sich im Grundsatz schon in emotionaler Skepsis beim Anwender und Nutznießer zeigt. So ist es ein Ziel des vorliegenden Buches, diese abzubauen und vernünftige Einsatzmöglichkeiten aufzuzeigen, denn die Fügetechnik "Kleben" bietet häufig eine Leistungsfähigkeit hinsichtlich Festigkeit, Beständigkeit und Flexibilität, die überrascht. Allerdings ist dieses nur dann zu erwarten, wenn Kleben ebenso überlegt eingesetzt wie ausgeführt wurde.

Jedoch gerade in der Ausbildung qualifizierter Mitarbeiter, und das, obwohl sich das Kleben etabliert hat, ist heute noch eine unbedingt zu schließende Lücke vorhanden. Um in dieser Richtung einen ersten Schritt zu tun, haben sich die Autoren zu dem vorliegenden Buch entschlossen. Sie wenden sich damit in erster Linie an den mit Kleben handwerklich Beschäftigten, also den, der am Arbeitsplatz klebtechnisch tätig ist. Von seinem Wissen und Können hängt letztlich der Erfolg des Klebens ab. Daher ist das vorliegende Buch kein Lehrbuch über das Kleben, sondern ein Ratgeber für diese Fügetechnik, der zwar fachliche Hintergründe aufzeigt und anreißt, das Schwergewicht aber auf die praktische

Durchführung legt. Darin sind eine Vielzahl eigener, langjähriger Erfahrungen eingegangen, die dem klebtechnisch Beschäftigten am Arbeitsplatz eine praktische Hilfe für erfolgreiches Kleben bieten sollen.

Aufgrund der bereits erwähnten Tatsache, daß das vorliegende Buch vielmehr ein Ratgeber zum Kleben denn ein Lehrbuch ist, wurde auf explizite Literaturangaben verzichtet. Statt dessen befindet sich am Ende des Buchs eine Übersicht über Quellen und weiterführende Literatur zu diesem Thema, auf die der geneigte Leser, so er sich über zusätzliche Fakten und Hintergründe informieren will, zurückgreifen kann.

Die Autoren danken allen Mitarbeitern der Abteilung Struktur und Verbundwerkstoffe des Fraunhofer-Instituts für angewandte Materialforschung, die mit Erfahrungen und kollegialen Ratschlägen wesentlich zum Gelingen des vorliegenden Buchs beigetragen haben.
Dies gilt im besonderen Herrn Dr.-Ing. W. Brockmann und Herrn Dr.rer.nat. H. Kollek für ihre konstruktive Durchsicht des Manuskript sowie Frau A. Ramming für ihre Hilfe bei dem Erstellen desselben.

Bremen, im November 1988

Petra Theuerkauff
Andreas Groß

Inhaltsverzeichnis

1 Einleitung

1.1 Zur Fügetechnik Kleben

Die Fügetechnik "Kleben" hat in den letzten Jahren eine erstaunlich vielseitige Anwendungsausdehnung erfahren. Trotzdem würde manchem Nutznießer geklebter Konstruktionen wohl mehr als ein Gefühl des Unbehagens überkommen, wäre ihm die Tatsache bewußt, sich in einem Fortbewegungsmittel aufzuhalten, dessen Einzelteile längst nicht mehr allein durch herkömmliche Fügeverfahren wie Schweißen, Nieten, Löten oder Schrauben etc. verbunden sind. Ein Laie, dem Kleben von Papier und Holz noch geläufig ist, wird sich sicher kaum vorstellen können, daß Metalle miteinander, aber auch einander artfremde Stoffe wie z.B., Kunststoff/Metall, Glas/Metall, Glas/Kunststoff, Kunststoff/Holz etc. heute im Vergleich zu konventionellen Fügetechniken in adäquater Weise durch Klebstoffe verbunden werden. Bei sinnvollem Einsatz der Klebtechnik sind daher Unbehagen oder gar Angst ohne Existenzberechtigung. Im Gegenteil: Viele technische Produkte, die mit großer Selbstverständlchkeit benutzt werden, wären in ihrer modernen Form heute nicht mehr herstellbar.

Dabei setzt die Natur das Kleben schon immer erfolgreich ein: So produziert der fleischfressende Sonnentau zur Nahrungsaufnahme klebrige Tröpfchen. Für ihre Bauten verwenden Wespen und Bienen Klebstoffe. An Schiffsrümpfen und Felsen haften Muscheln wie festbetoniert. Die Seepocke klebt unter denkbar schlechten äußeren Bedingungen unvergleichlich fest an Oberflächen und kann sich bei Bedarf auch wieder lösen.

Für den Menschen gehört die Fügetechnik Kleben überraschenderweise mit zu den ältesten Kulturtechniken und war schon vor dem Schweißen, Nieten, Schrauben und wahrscheinlich sogar dem Löten bekannt. Die Sumerer kochten schon 3500 v.Chr. Tierhäute zur Herstellung von Klebstoffen aus, in Ägypten kannte man bereits 1500 v.Chr. furnierte Möbel. Ein erster Beleg über eine Leimsiederei in Holland datiert aus dem Jahre 1690 n.Chr.

Heutzutage hat dieses Fügeverfahren eine Domäne sicherlich im Bereich der Leichtmetall-Klebungen gefunden. So werden inzwischen im Flugzeugbau über 40 % aller Verbindungen im Rumpf geklebt. Ein extremes Beispiel hierfür ist zweifelsohne die Fokker-F27-Friendship (Bild 1.1), worin über 70 % aller Verbindungen geklebt sind, die in drei Jahrzehnten Einsatzzeit nicht versagt haben.

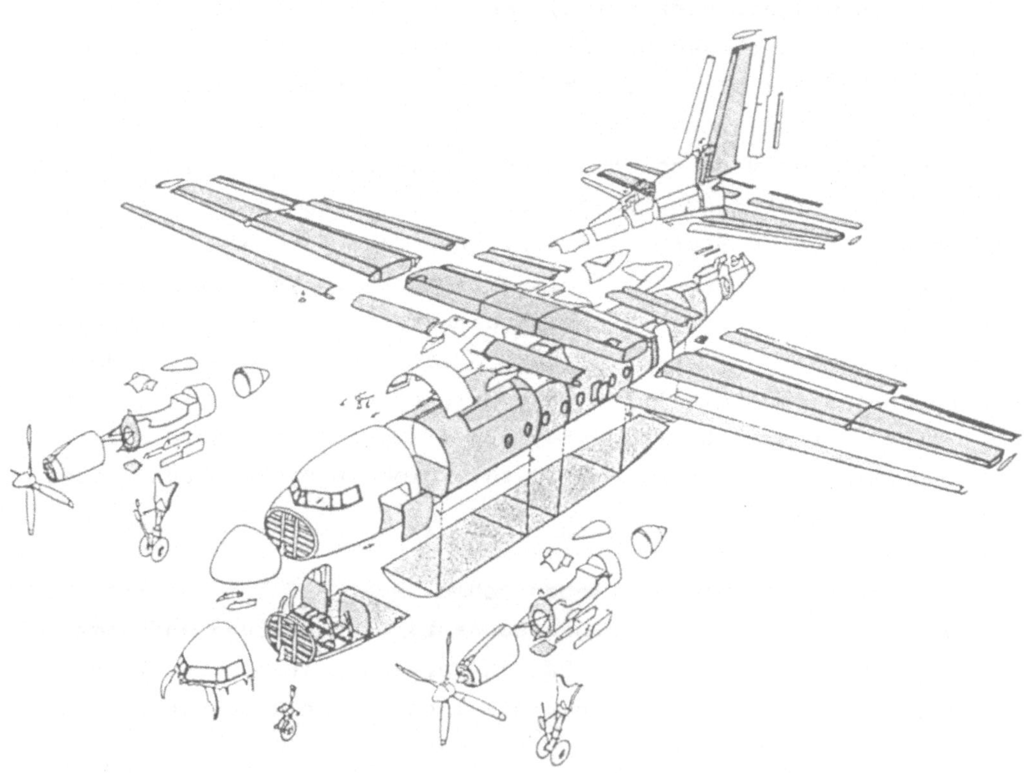

Bild 1.1: Fokker-F27-Friendship: Explosionszeichnung, die getönten Flächen geben die geklebten Bauteile wieder (Fokker Flugzeugwerke)

Aber auch in anderen Bereichen wird die Fügetechnik "Kleben" eingesetzt. In der Automobilindustrie setzt sich diese Technologie immer stärker durch. Ziel ist es hier, die Zahl der Punktschweißverbindungen beim Stahl schrittweise zu verringern, die Korrosionsbeständigkeit zu verbessern, das Verbinden bestimmter Fügeteile überhaupt zu ermöglichen, neue Konstruktionswege zu eröffnen und die Fertigung effizienter zu gestalten. Weitere Bereiche, in denen geklebt wird, sind Mikroelektronik, Betonbau, Maschinenbau und optische Industrie. Überraschenderweise werden auch gerade im Bereich der Sport- und Freizeitartikel hochbelastete Klebungen verwendet. Die Bilder 1.2 bis 1.7 zeigen einige Beispiele.

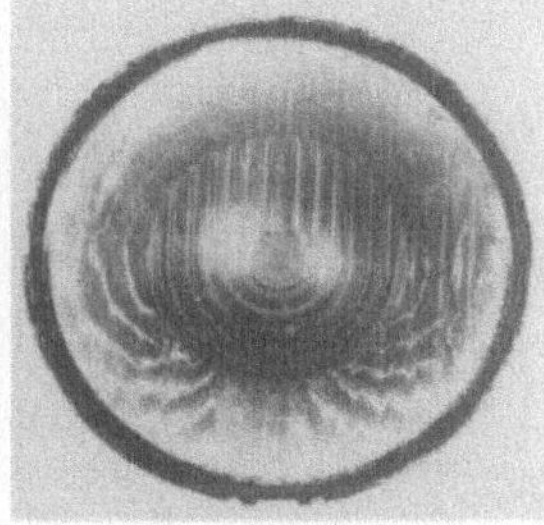

Bild 1.2: Moderne Klebtechnik im Auto schon 1933: Das Scheinwerferglas wurde, vermutlich mit Bitumen, in die Metallfassung eingeklebt. Lebensdauer der Klebung: $>$ 50 Jahre

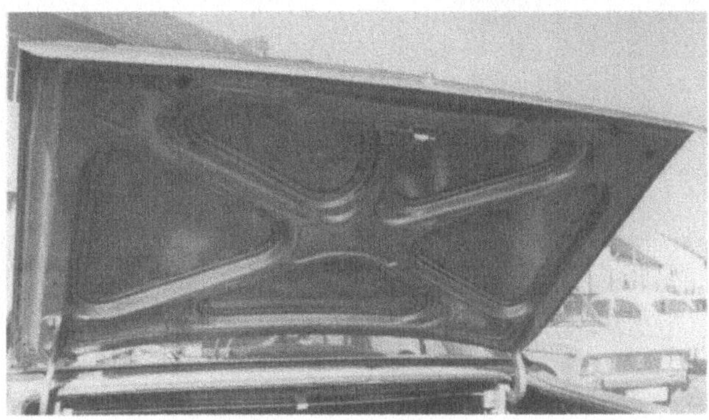

Bild 1.3: Mit Plastisol-Klebstoffen eingeklebte Versteifungsprofile der Heckklappe

Bild 1.4: Geklebter Rückspiegel an der Frontscheibe. Die Klebung ist jahreszeitlich bedingt, erheblichen Temperaturbelastungen ausgesetzt

Bild 1.5: Klebtechnik beim Fahrrad: Die Tretlagermuffe wird mit dem Rohr des Fahrradrahmens klebtechnisch verbunden. Das Kleben gestattet für das Rohrmaterial gewisse Toleranzen

Bild 1.6: Geklebter Kunststoffgriff an die Glaskanne einer Kaffeemaschine. Die Klebung ist Schub- und Schälbeanspruchungen bei erhöhten Temperaturen ausgesetzt.

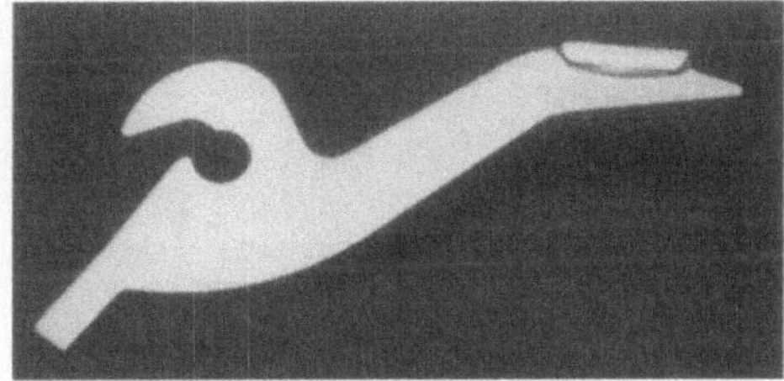

Bild 1.7: Geklebter Typenträger einer Schreibmaschine (Firma 3M)

1.2 Probleme des Metallklebens: Vor- und Nachteile

Der Klebstoff besitzt einige vom Metall stark abweichende Eigenschaften und wird aufgrund seiner geringeren Festigkeit meistens Schwachpunkt einer Klebverbindung sein. Klebverbunde unterliegen im wesentlichen drei Grundarten der Beanspruchung (Bild 1.8):

- der Zugbeanspruchung (a),
- der Schubbeanspruchung (b) und
- der Schälbeanspruchung (c).

Auf Zug beanspruchte Klebkonstruktionen (a) werden bei Metallen aufgrund der geringen Zugfestigkeit der Klebstoffe nur selten hergestellt.

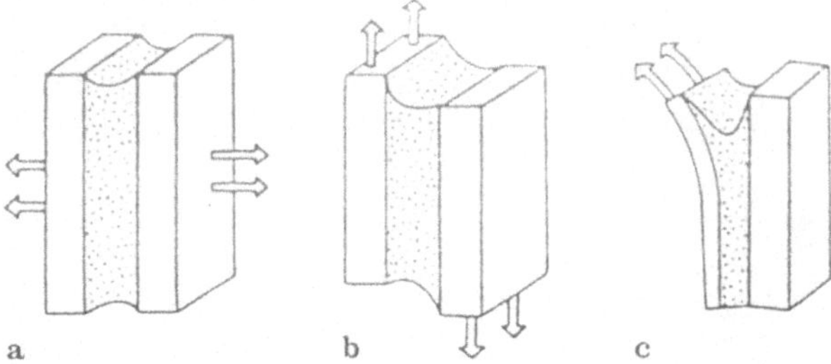

Bild 1.8: Wesentliche Beanspruchungen einer Klebverbindung

Klebstoffe erweisen sich besonders gegenüber der dargestellten Schälbeanspruchung (c) als sehr empfindlich, da hier Kräfte auf kleinen Flächen in sehr hoher Konzentration wirken. Nicht zu vermeidende Schälbeanspruchungen können durch Fügeteilkonstruktionen wie Klebflächenvergrößerung, Umfalten des Bleches etc. reduziert oder vermieden werden (Bild 1.9).

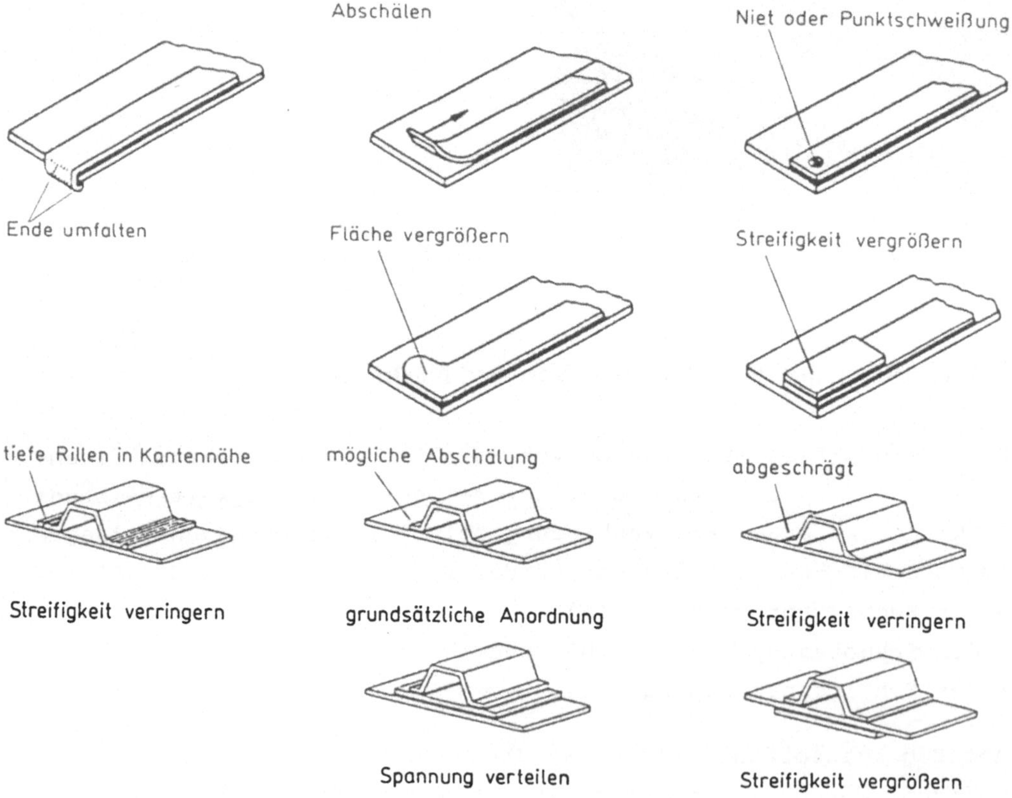

Abschälen
Niet oder Punktschweißung
Ende umfalten
Fläche vergrößern
Streifigkeit vergrößern
tiefe Rillen in Kantennähe
mögliche Abschälung
abgeschrägt
Streifigkeit verringern
grundsätzliche Anordnung
Streifigkeit verringern
Spannung verteilen
Streifigkeit vergrößern

Bild 1.9: Konstruktive Umgestaltungsmöglichkeiten

Tabelle 1: Vor- und Nachteile des Metallklebens im Vergleich zu anderen Fügeverfahren

Vorteile	Nachteile
Gleichmäßige Spannungsverhältnisse und Kraftübertragung	Evtl. kostspielige Wärmeaushärtungsvorrichtungen
Verbinden unterschiedlicher Werkstoffe	Aushärtungsprozeß oft mit Zeitaufwand
Keine Beeinflussung der Fügewerkstoffe (Härtung bei max. 120-170 °C)	Sorgfältige Reinigung der Metalloberflächen
Keine Kontaktelementbildung: Klebstoff = Isolator	Neukonstruktion der Fügeteile aufgrund veränderter Kräfteeinwirkungen
Flüssigkeits- und Gasdichtheit der Klebverbindungen	Begrenzte thermische Belastbarkeit der Klebstoffe (und Klebfugen) im Vergleich zu Metallen
Anpassung der Fügeteile nicht unbedingt erforderlich	Zerstörungsfreie Qualitätsprüfung nur bedingt möglich
Herstellbarkeit glatter, großflächiger Verbindungen	Festigkeitseinbußen durch Langzeiteinflüsse nicht auszuschließen
Gute Dämpfungseigenschaften und Gewichtsersparnis	

Die Widerstandsfähigkeit eines schubbelasteten Klebverbundes (b) hängt nicht von der mittleren Klebstoffestigkeit, sondern von der Höhe örtlich auftretender Spannungsspitzen an den Überlappungsenden ab, da sich die über die Grenzschicht zwischen Klebstoff und Metalloberfläche fest verbundenen Partner unter Last ungleich verformen. Trotzdem werden schubbeanspruchte Konstruktionen, deren Klebflächengröße variiert und gegebene Festigkeit der Fügeteile besser ausgenutzt werden können, bevorzugt (Bild 1.10).

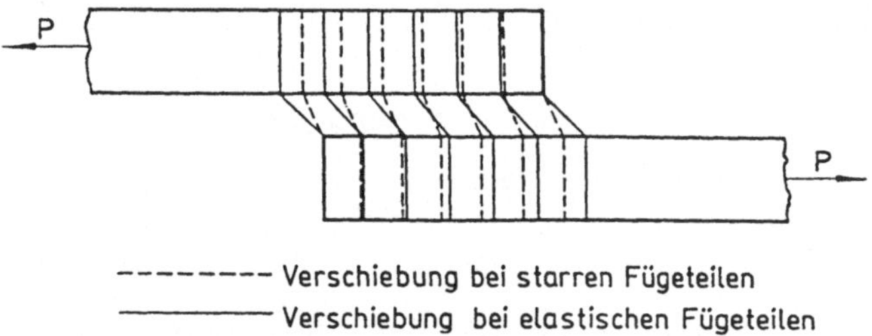

Bild 1.10: Schematische Verformungen einer einfach überlappten Klebfuge

Die Vor- und Nachteile des Metallklebens verglichen mit herkömmlichen Fügetechniken sind in Tabelle 1 kurz gegenübergestellt.

1.3 Klebstoffe -Adhäsion und Kohäsion

Klebstoffe sind grundsätzlich nichtmetallische Werkstoffe. Dadurch grenzt sich diese Fügetechnik vom Löten und Schweißen ab. Der Klebwerkstoff muß dann auf der Oberfläche des zu klebenden Körpers haften. Diese Eigenschaft faßt man unter dem Begriff "Adhäsion" zusammen. Letztendlich ist dann die innere Festigkeit des Werkstoffs dafür verantwortlich, daß Körper miteinander verbunden werden können. Diese innere Festigkeit bezeichnet man als "Kohäsion". Durch Kleben ist es also möglich, Körper miteinander zu verbinden, ohne daß dabei das Gefüge der Körper wesentlich geändert wird. Damit ist diese Fügetechnik auch gegenüber dem Nieten und Schrauben abgegrenzt, werden doch hier die Körpergefüge verletzt (Bild 1.11).

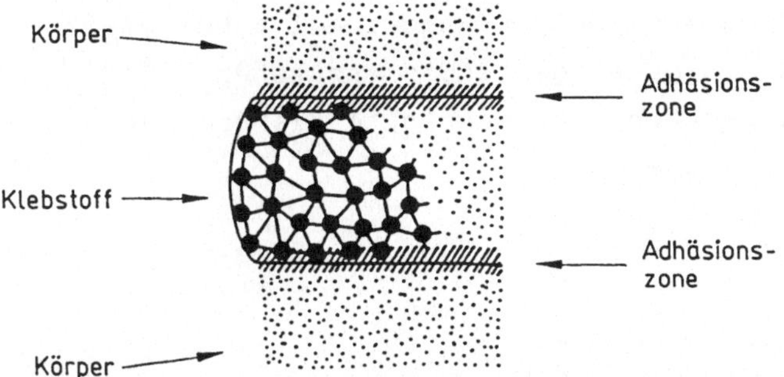

Bild 1.11: Vereinfachte schematische Darstellung einer Klebfuge

Die Klebfähigkeit eines Klebstoffs ist daher durch zwei gleichberechtigte, voneinander unabhängige Faktoren limitiert:

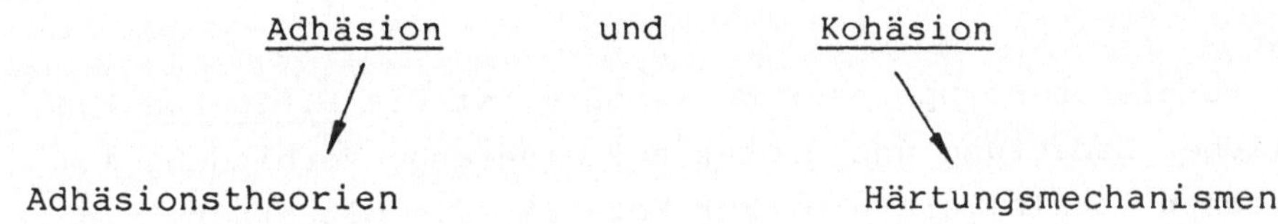

1.3.1 Zum Begriff der Adhäsion

Das Erforschen adhäsiver Wechselwirkungen einer Klebfuge führte zu den Adhäsionstheorien, die anhand unterschiedlicher Denkansätze Beiträge zum Erklären und Beschreiben der Interaktionen innerhalb der Adhäsionszone liefern.

Das grundsätzliche Kennzeichen einer Klebsubstanz - mit Ausnahme der haftenden Selbstklebebänder - ist das Überführen einer Flüssigkeit in einen Kräfte übertragenden Festkörper. So entsteht die für die Klebfähigkeit notwendige Adhäsion ausschließlich im flüssigen Zustand, da der Klebstoff nur dann zu einer Benetzung der zu verbindenden Fügeteile befähigt ist, d.h. nur flüssig ist er in der Lage sich in molekularen Dimensionen Festkörperkonturen anzupassen.

Folglich stellt das Benetzen eine unbedingt notwendige Bedingung für die Haftfestigkeit dar und der Benetzungsvorgang muß einwandfrei ablaufen. Hierfür ist ein niedriger Randwinkel α bei gleichbleibendem Tropfenvolumen als günstiges Indiz anzusehen (Bild 1.12). Als alleinige Voraussetzung für eine gute Klebung ist die Benetzung jedoch nicht hinreichend.

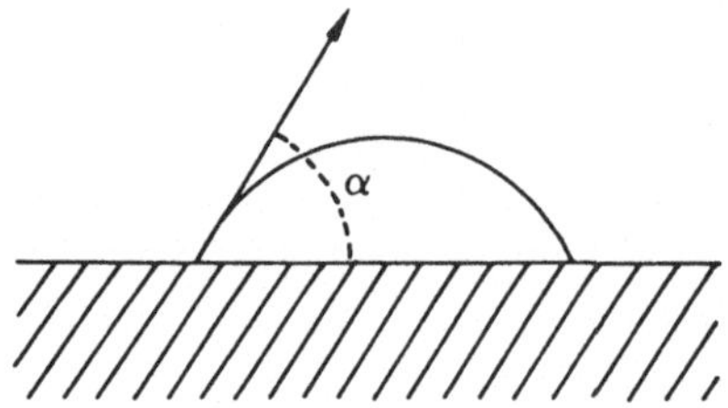

Bild 1.12: Klebstofftropfen auf einer Fügeteiloberfläche

Für das Verkleben hochporöser Werkstoffe ist die Diffusion von maßgeblicher Bedeutung und deutet auf eine enge Verbindung zum mechanischen Verklammern hin. Für Metalle, die mit einer Oxidschicht überzogen sind, trägt die Diffusion teilweise zur Beschreibung der Haftfestigkeit bei, da der Klebstoff in die Oxidschicht hineindiffundiert.

Bei Kunststoffen, die löslich bzw. quellbar sind, können Lösemittelmoleküle, ggf. der Klebstoff selbst oder Weichmacherzusätze in den Werkstoff eindiffundieren. Dadurch verändert sich die molekulare Anordnung in den Oberflächenschichten des Kunst-(Werk-)stoffs derart, daß schweißnahtähnliche Verbindungen entstehen können. Es muß jedoch beachtet werden, daß ein solches Verändern des Kunststoffgefüges mechanische Eigenschaftsveränderungen (z.B. Spannungsrißbildung) zur Folge haben kann.

In hochporöse Werkstoffe (z.B. Holz) und einige Kunststoffe kann der flüssige Klebstoff eindringen. Das anschließende Klebstoffverfestigen führt zu einer mechanischen Verklammerung zwischen gehärtetem Klebstoff und Fügeteil bzw. dessen Poren. Für die weniger porösen Metalloberflächen kann ein derartiges Verzahnen nicht Ursache der Adhäsion sein und zu Adhäsionswechselwirkungen in Metallklebungen nur äußerst gering beisteuern.

Die Oberflächenstruktur der Metalle kann durch mechanische Verfahren (Strahlen, Schleifen etc.) oder elektrochemische Behandlungen des Metalls (Anodisieren) beeinflußt werden. Es entsteht eine mehr oder weniger poröse, in jedem Falle vergrößerte Oberfläche. In diese Poren dringt der flüssige Klebstoff unter Ausbildung chemischer Bindungen ein und verfestigt sich während des Abbindeprozesses, (vgl. Bild 1.13). In Adsorptionsversuchen konnten chemische Bindungen zwischen Adsorbat und Aluminiumoberfläche nachgewiesen werden.

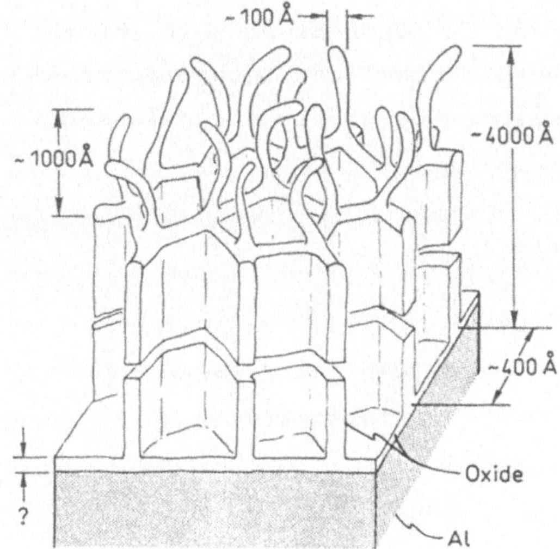

Bild 1.13: Prinzipbild einer phosphorsäureanodisierten Aluminiumoberfläche

Über die Art dieser Bindungen des Klebstoffs an die Oxidschicht ist bisher nur wenig bekannt. Da bei Metallen in Wirklichkeit auf deren Oxiden geklebt wird, müssen diese stabil sein und eine ausgeprägte Haftung zum Werkstoff aufweisen. Die völlig verschiedenen Strukturen von Metalloxiden und organischen Molekülen führen zu der Frage nach Bindungsmöglichkeiten zwischen beiden. Die Adsorptionschromatographie deutet auf einen direkten Zusammenhang der Aktivität des Oxids, der chemischen Struktur und der Molekülfunktionalität hin. Die zu berücksichtigenden chemischen Bindungen sind Wasserstoff-Brückenbindungen, polare, mehr salzartige und Komplexbindungen.

Dem heutigen Kenntnisstand zufolge dürften für die Adhäsion in Metallklebungen, unter Voraussetzung einer einwandfreien Benetzung der Fügeteiloberflächen durch den flüssigen Klebstoff im wesentlichen chemische Bindungen verantwortlich sein.

1.3.2 Kohäsion: Einteilung und Beschreibung von Klebstoffen

Bei allen organischen Klebstoffen handelt es sich grundsätzlich um polymere Moleküle. Polymere sind große Makromoleküle, die durch chemische Reaktionen aus kleineren Molekülen, sog. Monomeren, hervorgegangen sind. Aufgrund der Verschiedenheit ihres chemischen Aufbaus besitzen sie unterschiedliche technologische Eigenschaften. Ausgehend von chemischen Gesichtspunkten lassen sie sich wie folgt einteilen:

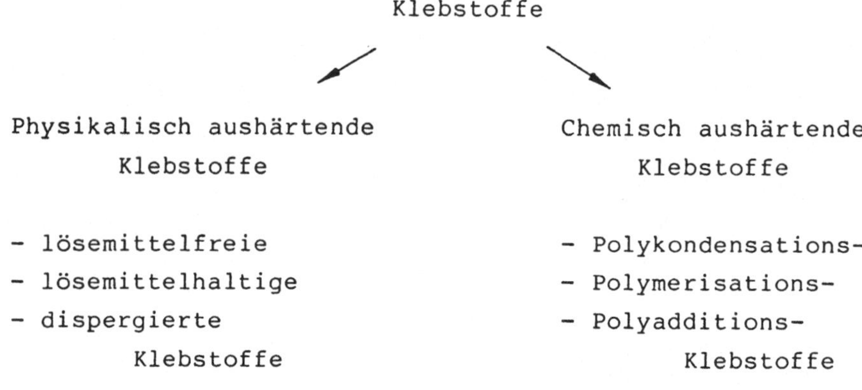

Nicht härtende Haftklebstoffe

Für das Entstehen kohäsiver Wechselwirkungen ist während des Klebvorganges der sog. Abbindeprozeß, der die physikalisch oder chemisch bewirkte Verfestigung des Klebstoffsystems umschreibt, verantwortlich.

1.3.2.1 Physikalisch aushärtende Klebstoffe

Die physikalisch aushärtenden Klebstoffe sind, was chemische Abläufe betrifft, bereits vor dem Klebstoffauftrag "fertig", d.h.

sie liegen schon vorher als Polymere (Makromoleküle) vor. Der für die Benetzung zwingend notwendige flüssige Zustand wird hierbei rein physikalisch durch Schmelzen, Lösen oder Dispergieren des Polymerverbundes erreicht. Der chemische Aufbau dieser Klebstoffe bleibt dabei unverändert. Das Abbinden (Verfestigen) des Klebstoffs geschieht dann auf physikalischem Wege durch Abkühlen oder Entweichen des Lösemittels.

Schmelzklebstoffe sind lösemittelfreie, bei Raumtemperatur feste Einkomponenten-Klebstoffe, die durch Erwärmung (150 bis 200°C) verflüssigt und dann appliziert werden. Das anschließende Abkühlen führt zur Erstarrung des nicht vernetzten, thermoplastischen Polymersystems.

Aus Natur- und Phenolharzen können für glatte Oberflächen dauerklebrige Haftklebstoffe hergestellt werden.

Lösemittelhaltige Klebstoffe unterscheiden sich in der Art ihrer Verarbeitung. Bei Kontaktklebstoffen sind die Polymere in einem organischen Lösemittel gelöst. Man läßt das Lösemittel abdampfen und verklebt dann unter möglichst hohem Druck. Die Intensität des Anpreßdruckes entscheidet direkt über die Festigkeit der Klebung (Diffusion!). Bei anderen lösemittelhaltigen Klebstoffen entweicht das Lösemittel während des Abbindevorganges. Unter wäßrigen Klebstofflösungen sind Leime aus pflanzlichen und tierischen Rohstoffen (Stärke, Kollagen) zusammengefaßt.

Dispersionsklebstoffe sind Kunstharz- oder Kautschukdispersionen bzw. -emulsionen. Der Abbindeprozeß ist gleich dem der zuletzt vorgestellten lösemittelhaltigen Klebstoffe.

1.3.2.2 Chemisch aushärtende Klebstoffe: Reaktionsklebstoffe

Der grundsätzliche Unterschied zu den gerade vorgestellten physikalisch abbindenden Klebstoffen besteht darin, daß die Reaktionsklebstoffe beim Klebstoffauftrag noch nicht "fertig", i.d. Sinne noch nicht aus polymeren Makromolekülen bestehen. Diese entstehen hier durch chemische Reaktionen während des Abbindeprozesses in der Klebfuge: Aus vielen kleinen Molekülen (Monomere, Präpolymere) bilden sich durch chemische Umsetzungen zahlenmäßig weniger, dafür aber größere Moleküle (Polymere). Diese Polymerbildung führt dann zu der gewünschten Verfestigung, dem Abbinden des Klebstoffs. Aufgrund des verschiedenen chemischen Aufbaus unterscheiden sich diese in ihren spezifischen Eigenschaften. Die Geschwindigkeit der chemischen Umsetzungen, also der Polymerbildung, bestimmt die sog. Topfzeit. Damit ist die Verarbeitungszeit des flüssigen, noch nicht abreagierten Klebstoffs gemeint. Die gleichen Faktoren bestimmen auch die Härtungsdauer.

Bei den chemischen Reaktionen des Abbindevorganges der Polykondensationklebstoffe werden Wassermoleküle abgespalten. Reaktionen dieser Art, bei denen niedermolekulare Stoffe wie beispielsweise Wasser abgespalten werden, bezeichnet man als Kondensationsreaktionen. Das entstehende Polymersystem kann, abhängig von den Ausgangsstoffen, sowohl thermo- als auch duroplastisch aufgebaut sein. Die Kondensationsreaktionen machen Aushärtungstemperaturen bis zu 200°C und für das Auspressen des Wasserdampfs ein Verarbeiten unter hohem Druck notwendig.

Das bekannteste Beispiel dieser Klebstoffe sind die Phenolharze. Polyimide stellen eine relativ junge Klebstoffgruppe dar, die sich durch besondere Hitzebeständigkeit auszeichnet. Sie werden bei 250°C unter hohem Druck ausgehärtet.

Die hohen Aushärtungstemperaturen schließen eine Wärmebehandlung des zu verklebenden Werkstoffs ein. So sind diese Klebstoffe beispielsweise für Aluminiumklebungen nicht geeignet. Silikonklebstoffe entstehen durch Abspaltung von Essigsäure bzw. Aminen, wodurch reaktive Zwischenprodukte, die Wasser abspalten, entstehen. Diese Kondensationsreaktionen führen dann zum Polymerverbund (Bild 1.14).

Zur Gruppe der Polymerisationsklebstoffe gehören die Polyester, Cyanacrylat- und anaerob aushärtenden Klebstoffe. Im Gegensatz zu den Polykondensationsklebstoffen werden bei den Aushärtungsreaktionen dieser Klebstoffe die prinzipiell gleichartig aufgebauten Ausgangsstoffe (Monomere) ohne Abspaltung niedermolekularer Stoffe zum Polymerverbund verknüpft. In der Regel werden diese Reak-

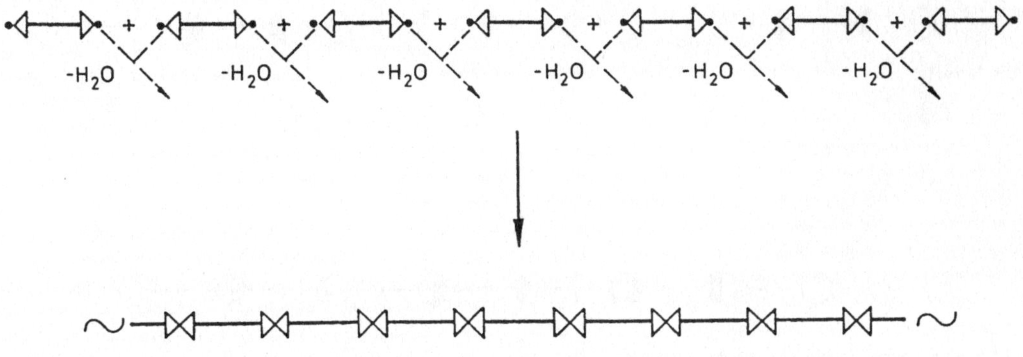

Bild 1.14: Schematische Darstellung der Polykondensation

tionen katalysiert. So setzt man den Polyestern reaktive Verbindungen (z.B. Peroxide) zu. Bei den Cyanacrylaten ("Sekundenklebstoffen") erfolgt die Katalyse durch Spuren von Wasser am Fügeteil. Bei den anaeroben Klebstoffen, die nur unter Luftausschluß abbinden (deshalb "anaerob"!), ist der Katalysator gewöhnlich die Metalloberfläche oder es wird ein zusätzlicher Aktivator verwendet (Bild 1.15).

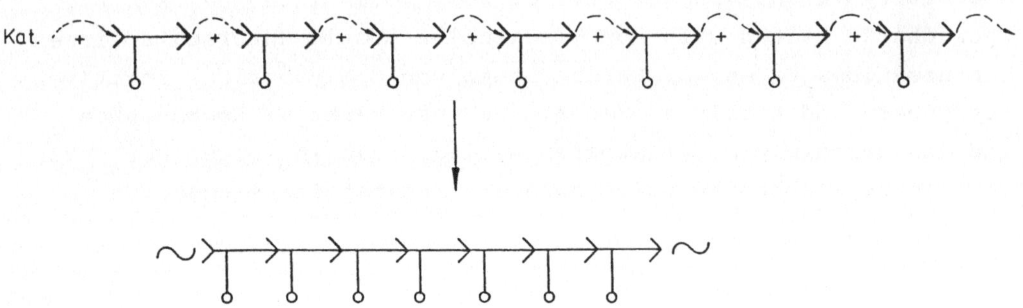

Bild 1.15: Schematische Darstellung der Polymerisation

Die Polyadditions-Klebstoffe werden im wesentlichen durch Polyurethan- und Epoxidharz-Klebstoffe repräsentiert. Auch hier erfolgen die Aushärtungsreaktionen wie bei den Polymerisaten ohne Abspaltung niedermolekularer Stoffe. Im Gegensatz zu den Polymerisationsklebstoffen werden hier jedoch chemisch unterschiedliche Ausgangsstoffe (Monomere), das Bindemittel und der Härter, miteinander zum Polymerverbund verknüpft (Bild 1.16).

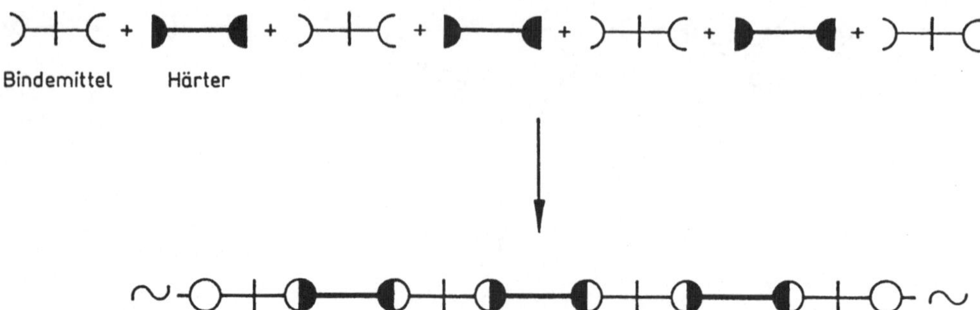

Bild 1.16: Schematische Darstellung der Polyaddition

Die Bindekomponenten der Polyurethanklebstoffe enthalten mindestens zwei Isocyanatgruppen, die mit Polyalkoholen oder -aminen als Härter reagieren und zu polymeren Molekülen führen. Die Polymerbildung kalthärtender Bisphenol-A-Epoxid/Amin-Harze verläuft in der Regel über eine Polyaddition des Härters an die Epoxidgruppen der Binde-Komponente. Als typische Härter werden in kalthärtenden Systemen Polyamine und Polyamidoamine, in warmhärtenden Dicyandiamid und andere stickstoffhaltige Verbindungen eingesetzt, die katalysierend wirken. Die heute im wesentlichen verwendeten Epoxidharze leiten sich von Bisphenol-A-Epoxid unterschiedlichen Kondensationsgrades ab. Durch Zusatz von Epoxynovolak, reaktiven Verdünnern und Katalysatoren als weitere reaktive Komponenten, und von unreaktiven Füllstoffen werden diese in weiten Bereichen sowohl als Klebstoffe sowie auch als Kunststoffe eingesetzt.

2 Metallkleben: Oberflächenvorbehandlung

2.1 Mechanische Verfahren

Metalle müssen für Klebverbindungen oft einer Vorbehandlung unterzogen werden. Walzöle, Staub und Schmutz sind vollständig zu entfernen, damit eine Benetzung des Grundwerkstoffs mit dem Klebstoff möglich wird. Die Reinigung ist für die Vorbehandlung von entscheidender Bedeutung, weil alle folgenden Vorbehandlungsschritte eine saubere Oberfläche voraussetzen. Die chemischen und physikalischen Haftkräfte sind von sehr geringer Reichweite und können bei verschmutzten Fügeflächen wirkungslos bleiben. Die Reinigung erfolgt häufig mit Lösemitteln (z.B. Aceton), aber auch in sauren oder alkalischen Beizen oder nur mit heißem, fließendem Wasser. Nicht gereinigte oder vorbehandelte Oberflächen können nur in Ausnahmefällen und mit darauf abgestimmten Klebstoffen verarbeitet werden (z.B. Plastisole).

Daran schließt sich für viele Anwendungsbereiche das Schleifen oder Strahlen an. Sowohl beim Schleifen als auch bei der Vorbehandlung durch Strahlen entstehen an der Oberfläche Vertiefungen mit Hinterschnitten von 10 bis 30 µm Größe.

2.1.1 Das Strahlen

Das Strahlen hat sich für viele metallische Werkstoffe als die beste Haftgrundvorbereitung für das Kleben erwiesen. Es bewirkt nicht nur hohe Anfangsfestigkeit, sondern auch gute bis sehr gute Langzeitbeständigkeit bei Fügeteilen aus Stahl, Aluminium oder Titan. Ein weiterer Vorteil ist, daß durch das Strahlen sehr gleichmäßige Klebergebnisse erreichbar sind. Bessere Ergebnisse lassen sich nur bei Al-Legierungen durch Chromsäure- bzw. Phosphorsäure-Anodisieren erzielen. Für Titan existiert heute ebenfalls ein spezielles Anodisierverfahren.

Das Strahlen bewirkt eine tiefe Zerklüftung und Verformung der Oberfläche, die einerseits ein mechanisches Verzahnen des Klebstoffs erlaubt, andererseits aber auch für das Kleben besonders günstige oberflächenenergetische Zustände bewirkt.

Das Strahlen sollte mit Korund einer mittleren Körnung (~150) erfolgen. Zuvor sollten die Oberflächen jedoch mit einem Lösemittel entfettet werden. Die Qualität der gestrahlten Oberfläche muß bei Stahl SR 2.5 oder SR 3 erreichen. Nach dem Strahlen ist der Staub am besten durch Absaugen oder Abblasen (mit trockener, ölfreier Preßluft) zu entfernen. Die Gefahr einer Kontamination der Oberfläche ist beim Abblasen jedoch größer. Die Preßluft zum Strahlen und Abblasen ist mit speziellen Adsorptionsreinigern vollständig von Wasser und Öl zu reinigen.

Es hat sich als günstig erwiesen, erst nach etwa 1 bis 2 Stunden nach dem Strahlen mit dem Kleben zu beginnen. Jedoch muß sichergestellt sein, daß es in dieser Wartezeit nicht wieder zu einer Verunreinigung der Oberfläche z.B. durch Berühren oder Staub kommt.

Strahlsysteme

Folgende Strahlsysteme können angewendet werden:

1. Strahlsysteme trocken
   - Schleuderstrahlen
   - Druckluftstrahlen
   - Saugkopfstrahlen

2. Strahlsysteme naß, unbeheizt
   - Naßdruckluftstrahlen
   - Druckluftstrahlen mit Wasserzusatz
   - Schlämm- oder Naßläppstrahlen
   - Druckflüssigkeitsstrahlen

3. Strahlsysteme naß, beheizt
   - Heißwasser- und Dampfstrahlen

Die trockenen Systeme werden für das Strahlen überwiegend eingesetzt.

Anhand des trockenen Druckluftstrahlens soll hier ein Arbeitsvorgang der Oberflächenvorbehandlung Strahlen aufgezeigt werden. (Bild 2.1)

Bild 2.1: Strahlkabine (Hand-Injektionsstrahlkabine)

Zunächst werden die zu strahlenden Proben entfettet, um das Strahlmittel von Öl- und Fettresten freizuhalten. Das Strahlen erfolgt dann in einem Hand-Injektionsstrahlapparat mit freistehender Pistole. Es muß sichergestellt sein, daß die Druckluft völlig öl- und wasserfrei ist.

Der Abstand von ca. 30 cm zwischen Pistole und Probe und ein Strahlwinkel von 70 bis 90° hat sich in diesem Falle als günstig erwiesen. Durch die beim Strahlen auftretende Hämmerwirkung entstehen Druckspannungen in der gestrahlten Oberfläche, wodurch sich dünne Teile verbiegen können. Um diese Verbiegung wieder rückgängig zu machen, kann ein Strahlen von der Gegenseite der Teile angewendet werden. Das Verbiegen kann vorab vermindert werden, indem man die zu strahlende Probe beispielsweise mit einem Stahlblech hinterlegt.

Gut gestrahlte Oberflächen zeigen eine tief zerklüftete Oberflächenstruktur (Bild 2.2 und 2.3).

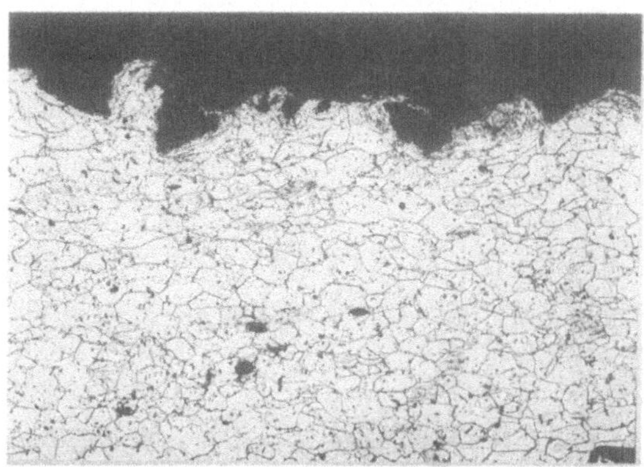

Bild 2.2: Querschliff durch eine gestrahlte Stahloberfläche 250 : 1

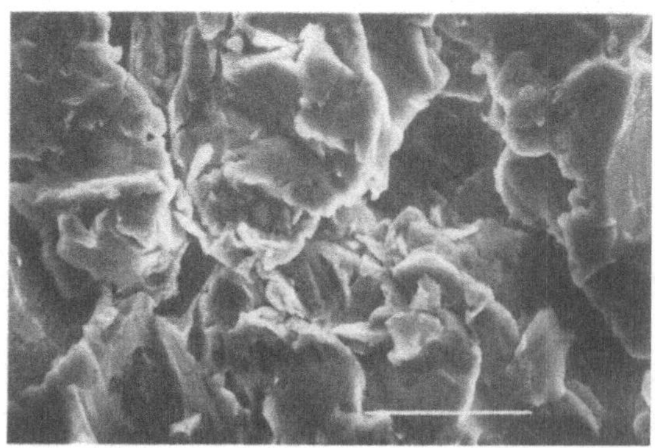

Bild 2.3: REM-Aufnahme einer gestrahlten Stahloberfläche 2000 : 1

Es sind keinerlei Reste der ursprünglichen Oberfläche mehr zu erkennen. Makroskopisch entspricht dies den Strahlgraden SR 2.5 oder SR 3.

2.1.2 Das Schleifen

Geschliffene Oberflächen haben nicht so gute Haftungseigenschaften wie gestrahlte Oberflächen. Das liegt u.a. in der geringeren Aufrauhung der Oberflächen. Hinzu kommt, daß bei dieser Vorbehandlungsart die Gefahr besteht, daß Verunreinigungen nicht nur abgetragen, sondern auch über die Fläche verteilt werden. Vor dem Schleifen ist in jedem Fall ein Entfetten vorzunehmen, um zumindest grobe Verunreinigungen zu entfernen. Das Schleifen ist, wenn möglich quer zur Beanspruchungsrichtung oder über Kreuz vorzunehmen. Auch hier ist, wie beim Strahlen, eine Wartefrist vom Schleifen bis zum Kleben von 1 bis 2 Stunden zu empfehlen (Bild 2.4).

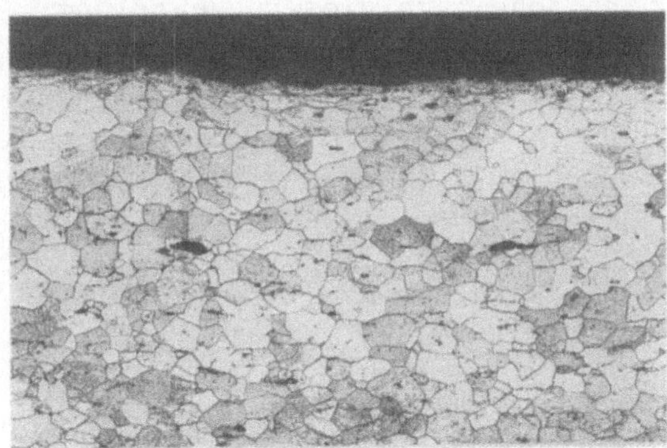

Bild 2.4: Querschliff durch eine geschliffene Stahloberfläche 250 : 1

Schleifgeräte- und Werkzeuge

Grad- oder Winkel-Schleifmaschinen
Bandschleifer
Schwingschleifer
Exzenterschleifgeräte

2.1.3 Das Bürsten

Beim Bürsten, oder besser Bürst-Schleifen, handelt es sich um ein abrasives Oberflächenvorbehandlungsverfahren.

Beispielsweise stellt die Firma 3M eine Scotch-Brite-Bürste (CP-FB SA Medium) her, deren Aufbau und Wirkungsweise hier kurz dargestellt werden soll.

Die Scotch-Brite Bürste besteht aus einem Vlies synthetischer Fasern, auf die kunstharzgebundenes Aluminiumoxid als Schleifmittel aufgebracht ist. Die Bürste hat die Form eines flachen Zylinders, kann an Bohrmaschinen installiert werden und eignet sich zum Freihand-Bürst-Schleifen (Bild 2.5). Bei diesem Verfahren wird die Oberfläche gereinigt und aufgerauht. Bei gleicher Körnung ist die zu erzielende Rauhtiefe im Vergleich zum Schleifen geringer, weil die Schleifkörner auf dem Faservlies federnd gelagert sind, im Gegensatz zur eher starren Lagerung der Körner beim Schleifen. Da die Druckspannungen in der Oberfläche nach dieser Behandlung kleiner sind als nach Strahlen oder Schleifen, können mit diesem Verfahren auch dünne Teile ohne Biegungsgefahr bearbeitet werden.

Bild 2.5: Freihand Bürst-Schleifen

Auch hier wird die Bürstrichtung quer zur Beanspruchungsrichtung gewählt.

Ein nachfolgendes Entfetten ist nicht unbedingt erforderlich.

Zwischen dem Bürsten und dem anschließenden Kleben sollte auch hier eine Wartefrist von 1 bis 2 Stunden eingehalten werden. Diese Vorbehandlung kontaminiert die Oberflächen mit dem Kunststoff des Vlieses, was sich in der Regel aber nicht nachteilig auswirkt (Bilder 2.6 und 2.7).

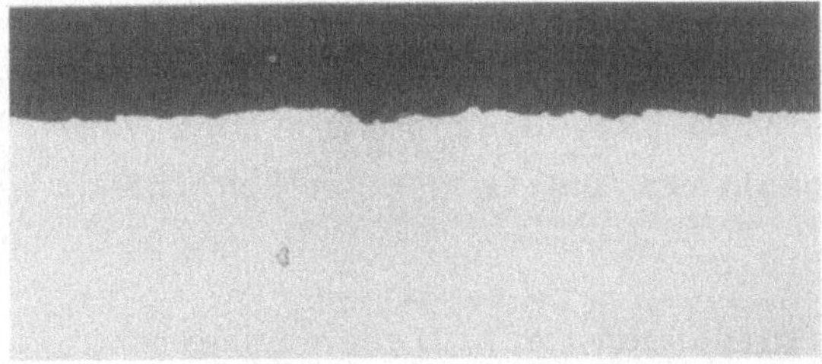

Bild 2.6: Querschliff durch eine gebürstete Stahloberfläche 500 : 1

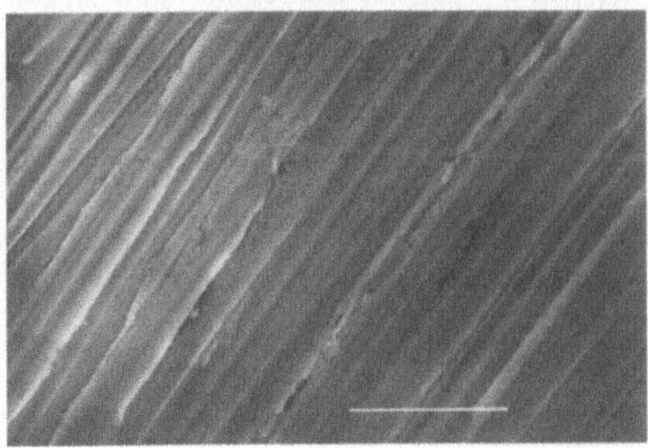

Bild 2.7: REM-Aufnahme einer gebürsteten Stahloberfläche ca. 2000 : 1

Das Bürsten mit Stahlbürsten ist im Vergleich zu den vorher beschriebenen Schleifarten eher ein drückendes und weniger ein schneidendes Verfahren. Es verteilt die auch nach dem Entfetten noch vorhandenen Verunreinigungen gleichmäßig über die Oberflächen. Dieses kann sich negativ auf die Beständigkeit der Klebungen auswirken.

2.2 Chemische Verfahren für Aluminium und Aluminiumlegierungen

Chemische Verfahren zur Oberflächenvorbehanldung für das Kleben werden überwiegend in der Luftfahrtindustrie für Aluminium- und Titanlegierungen eingesetzt. Sie sind zwar sehr aufwendig, liefern aber auch die besten bis heute bekannten Ergebnisse.

Es bestehen mehrere Verfahren, die in etwa gleichwertig sind. Diese gliedern sich in Einzelschritte auf. Hier sollen zwei Verfahren vorgestellt werden. Sie bestehen aus folgenden Schritten:

1. Lösemittelentfetten
   Zur Entfernung grober Verunreinigungen. Auf diesen Schritt kann in der Fertigung oft verzichtet werden.

2. Alkalisches Entfetten
   Zur Entfernung der Oxidschichten und der Verunreinigungen

3. Alkalisches Beizen
   Zur weiteren Reinigung und Konditionierung

4. Pickling-Beizen (CSA) (Chromic-Sulfuric-Acid)
   Das CSA erzeugt nach den reinigenden und abtragenden Verfahren auf der Oberfläche eine nadelige, ca. 400 Å dicke Oxidstruktur, deren Bildungsphasen von der Beizzeit abhängen. In der ersten Phase bricht die vorhandene Oxidstruktur auf. Es kommt zu einer groben Struktur, die sich im Laufe des Beizprozesses immer weiter verfeinert. CSA ist auch die Grundlage für das Chromsäure-Anodisieren.

5. Chromsäure-Anodisieren (CAA) (Chromic-Acid-Anodizing)
   CAA ist ein stromführendes Verfahren. Dabei wird die relativ dünne CSA-Schicht auf ca. 10.000 Å verstärkt. Insgesamt wächst die Anodisierschicht innerhalb eines Gleichgewichtsprozesses und ist erheblich stabiler gegenüber mechachnischen Einflüssen als die bei CSA, FPL und PAA. Bestimmte Spannungs-Zeitverläufe sind einzuhalten.

Oder alternativ zu den Schritten 4 und 5:

6. Forest Products Laboratories-Beizen (FPL)
   FPL ist dem europäischen CSA ähnlich, jedoch mit anderen Prozeßparametern und wird - wie PAA (s.u.) - vorwiegend in den USA angewendet.

7. Phosphorsäure-Anodisieren (PAA) (Phosphoric-Acid-Anodizing)
   Technisch einfacher und umweltfreundlicher als CAA. Konstantspannung 15 V 22 min bei RT. Die im Vergleich zum CAA mit ~6000 Å dünnere Oxidschicht ist gegen mechanische Beschädigung empfindlich.

Weitere Verfahren sind: CAA Bell und McDonald-Douglas.

2.2.1 Lösemittelentfetten

Dieser Vorbehandlungsschritt ist als Minimalforderung für die meisten Klebverbindungen anzusehen. Andererseits ist zu berücksichtigen, daß Fehler, die hier gemacht werden, nicht unbedingt beim anschließenden Schleifen oder Strahlen voll ausgeglichen werden können. Aus diesen Gründen sollte dem Entfetten immer besondere Aufmerksamkeit gelten (siehe Bild 2.8).

Bild 2.8: Querschliff durch eine entfettete Stahloberfläche 500:1

Es gibt verschiedene, sehr wirkungsvolle Arten, Oberflächen zu entfetten. Hierzu gehören das Ultraschallentfetten oder Dampfentfetten mit Lösemitteln und in manchen Fällen auch das Waschen mit heißen Waschlösungen.

Geeignete Lösemittel sind chlorierte Kohlenwasserstoffe wie z.B. Trichlorethan, die zwar häufig unbrennbar sind, deren Toxizität und Umweltschädlichkeit jedoch nicht übersehen werden darf. Ihr Ersatz ist in jedem Fall anzustreben. Ferner können sie Salzsäure abspalten, was zur Korrosion führen kann. Diese Lösemittel eignen sich gut zur Entfernung von Mineralölprodukten. Technische Kohlenwasserstoffe, wie z.B. Benzin, sind zum Entfetten nicht geeignet. Sie enthalten immer geringe Mengen schwerflüchtiger paraffinartiger Substanzen. Diese bilden auf der Oberfläche einen Film, der ein Verkleben unmöglich machen kann.

Sauerstoffhaltige, flüchtige Lösemittel wie z.B. Aceton oder Methanol sind besonders geeignet für das Entfernen von tierischen oder pflanzlichen Fetten und von oxidierten (gecrackten) Mineralölen. Sie sind zwar brennbar und toxisch, aber in der Vernichtung weniger problematisch als chlorierte Kohlenwasserstoffe. Für Laboruntersuchungen hat sich zum Beispiel das Ultraschallentfetten in Aceton oder MEK (Methylethylketon) sehr bewährt.

Bei Waschprozessen besteht immer die Gefahr, daß es zu einem korrosiven Angriff an der Oberfläche kommt, der in jedem Fall so klein wie möglich gehalten werden soll.

Bei allen Entfettungsvorgängen sollte darauf geachtet werden, daß nicht durch häufig benutztes Entfettungsmittel ein Rückfetten der Oberflächen erfolgt. Demzufolge sind die Entfettungsmittel entsprechend oft auszutauschen.

Effektiver ist das sog. Dampfentfetten. Dabei wird, in einem vorzugsweise geschlossenen System, Lösemittel zum Sieden erhitzt und wieder kondensiert, so daß ein permanenter Kreislauf entsteht. In die Dampfphase werden die kalten Fügeteile eingebracht, so daß an ihnen das gasförmige Lösemittel kondensiert und Fette vom Fügeteil löst. Die Erhitzungstemperatur wird so eingestellt, daß lediglich das Lösemittel siedet. Somit werden die Fügeteile immer nur mit frisch kondensiertem, nicht verunreinigtem Lösemittel entfettet, was gegenüber anderen Entfettungsmethoden von Vorteil ist. Nichtsdestotrotz muß auch hier eine Kontrolle des Lösemittels auf allzu große Verunreinigungen erfolgen. Geschlossene Dampfentfettungsvorrichtungen sind offenen sowohl hinsichtlich des gesundheitlichen Schutzes des Personals als auch des Umweltschutzes offenen vorzuziehen und z.T. schon vorgeschrieben. Die entfetteten Fügeteile werden langsam kontinuierlich der Dampfphase entzogen, wodurch sie gleichzeitig trocknen (Bild 2.9).

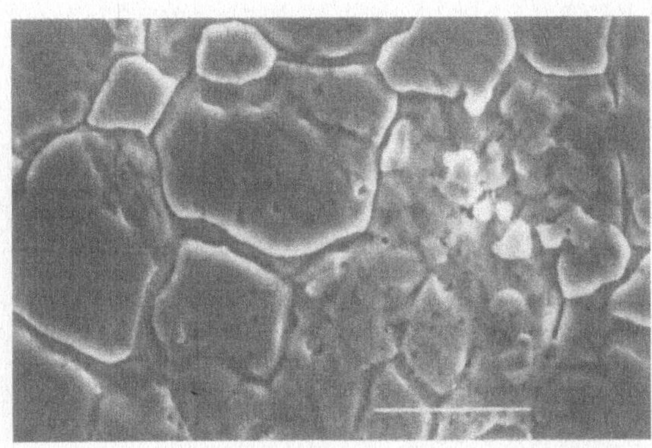

Bild 2.9: REM-Aufnahme einer entfetteten Stahloberfläche ca. 2000 : 1

2.2.2/3 Alkalisches Reinigen und Beizen

Zum alkalischen Reinigen bzw. Beizen werden oft Mischungen von Trinatriumphosphat oder Natriumpyrophosphat mit Natriummetasilikat verwendet. Ferner enthalten die Bäder Tenside. Die Mischungsverhältnisse wechseln und können jeweiligen Verwendungszwecken angepaßt werden. Die Konzentration der Reinigungslösung beträgt im allgemeinen 12 bis 65 g/l. Für Stähle sind saure, z.B. Salzsäure-Beizen, bekannt.

Die Tauchzeit bei der Reinigung hängt von der Zusammensetzung der Reinigungslösung, vom Verschmutzungsgrad, von der Arbeitstemperatur und der Bewegung des Bades ab. Sie ändert sich auch stark mit dem Alter des Reinigers. Im allgemeinen liegt sie zwischen 2 und 5 Minuten. Die Überhebezeiten von einer Behandlung zur nächsten sollen möglichst kurz sein, und die Lösung soll nie auf der Oberfläche auftrocknen. Wenn die Teile stark verschmutzt sind, kann auch eine alkalische Vorreinigung, z.B. in einer alten Reinigungslösung erfolgen.

Für Aluminium werden beispielsweise Almeco 18 für das Reinigen und Almeco 51 für das Beizen verwendet.

2.2.4 Pickling-Beizen (CSA)

Nach den Reinigungsschritten folgt in Europa für Aluminiumlegierungen das Pickling-Beizen (CSA: Chromic-Sulphuric-Acid).

Das CSA erzeugt nach den reinigenden und abtragenden Verfahren auf der Oberfläche eine Oxidstruktur, deren Bildungsphasen zeitabhängig sind. In der ersten Phase bricht die vorhandene Oxidschicht auf, es kommt zu einer groben Struktur, die sich im Laufe des Beizprozesses immer weiter verfeinert. Im Fertigungsprozeß muß gewährleistet sein, daß die feine Pickling-Struktur für die ganze Fügefläche vorliegt, denn nur so kann eine optimale Haftung mit der geforderten Langzeitbeständigkeit erwartet werden.

Zudem bildet die pickling-gebeizte Oberfläche die Grundlage für das Chromsäure-Anodisieren, so daß auch bei weiteren Vorbehandlungsschritten eine gute CSA-Struktur gefordert werden muß. Die Prüfung der Oberflächenbeschaffenheit kann im Rasterelektronenmikroskop bei ca. 20-30.000facher Vergrößerung geprüft werden (Bild 2.10).

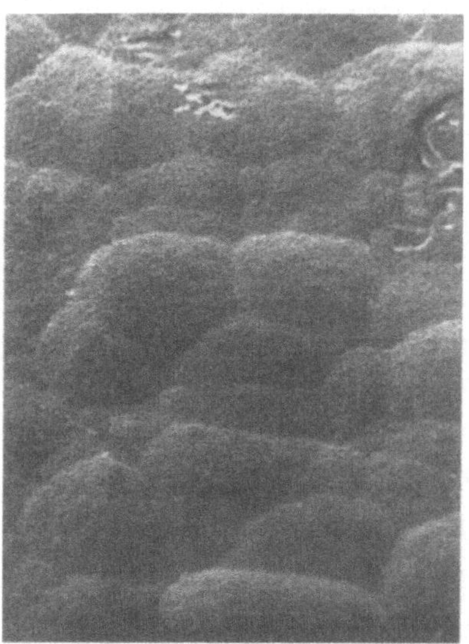

Bild 2.10: Oberflächenstruktur einer pickling-gebeizten Oberfläche

Anstelle des CSA-Verfahrens kann für viele Klebverbindungen das alkalische umweltfreundlichere Chemoxal-Verfahren (s. Abschn. 3.2) treten. Es eignet sich aber nicht für Luftfahrtklebstoffe mit Primern und kann nicht dem Anodisieren anstelle von CSA oder FPL vorgeschaltet werden.

2.2.5 Chromsäure-Anodisieren (CAA)

Für viele Anwendungsfälle der industriellen Klebtechnik bietet die pickling-gebeizte Fügefläche eine gute Voraussetzung für Klebungen hoher Haftfestigkeit. Sind die Anforderungen an die Klebverbindung jedoch strukturell, d.h. die Klebung muß ausschließlich und ohne Zusatzsicherungen den Verbund über lange Zeit unter sehr harten Bedingungen tragen, so ist es günstig, die Oberflächen vor dem Verkleben einem weiteren Vorbehandlungsschritt zu unterziehen: dem Chromsäure-Anodisieren (siehe Bild 2.11). Es ist ein stromführendes Verfahren (siehe Bild 2.12), wobei die relativ dünne CSA-Schicht von ca. 400 Å verstärkt wird. Leichte Strukturfehler der CSA-Oberfläche können durch diesen zusätzlichen Vorbehandlungsschritt ausgeglichen und korrigiert werden. Insgesamt wächst die Anodisierschicht innerhalb eines Gleichgewichtsprozesses bis auf ca. 10000 Å an und verfestigt zudem die Oxidoberfläche. Das Ergebnis ist eine konkav gewölbte Oberflächenstruktur.

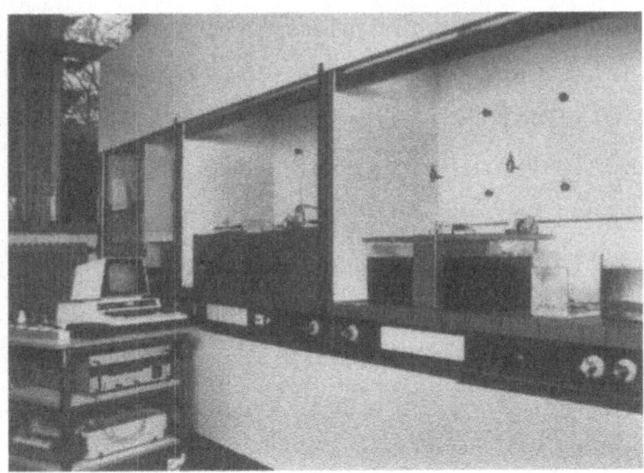

Bild 2.11: Laboraufbau einer computergesteuerten Anodisieranlage (CAA)

Bild 2.12: Warmwasserbeheiztes CAA-Bad (handgesteuerte Stromzufuhr)

Wird CAA-Behandlung durchgeführt, kann auf ein vorheriges CSA verzichtet werden, wenn an seiner Stelle ein Aufhellprozess (Beizen in verdünnter Salpetersäure) durchgeführt wird. Dies kann jedoch Qualitätseinbußen nach sich ziehen.

2.2.6 FPL-Beizen

Dieses Vorbehandlungsverfahren ist dem europäischen Pickling-Beizen ähnlich, jedoch mit anderen Prozeßparametern und wird - wie das folgende Phosphorsäure-Anodisieren - vorwiegend in den USA zur Oberflächenvorbehandlung von Klebverbindungen angewendet. Der wesentliche Unterschied besteht darin, daß die Beizzeit für das FPL-Beizen nur 10 Minuten gegenüber 30 Minuten beim CSA-Prozeß beträgt. Die erzeugte Schichtdicke erreicht etwa 400 Å. Die erzeugte Überstruktur ist etwas feiner als bei allen anderen Vorbehandlungsverfahren. Als alleinige Oberflächenvorbehandlung ist das FPL-Beizen dem CSA-Prozess unterlegen.

2.2.7 Phosphorsäure-Anodisieren (PAA)

Im allgemeinen ist das PAA im Fertigungsprozeß technisch einfacher und umweltfreundlicher als das CAA. Auch die erzeugte Oxidschicht ist mit 6000 Å dünner als nach europäischen Verfahren. Die PAA-Oberfläche zeigt eine stark aufgelöste Struktur, die von fingerartig geformten Spitzen geprägt ist (Bild 2.13). Auch die erzielten Haftfestigkeiten unterscheiden sich nur wenig von den chromsäure-anodisierten Oberflächen.

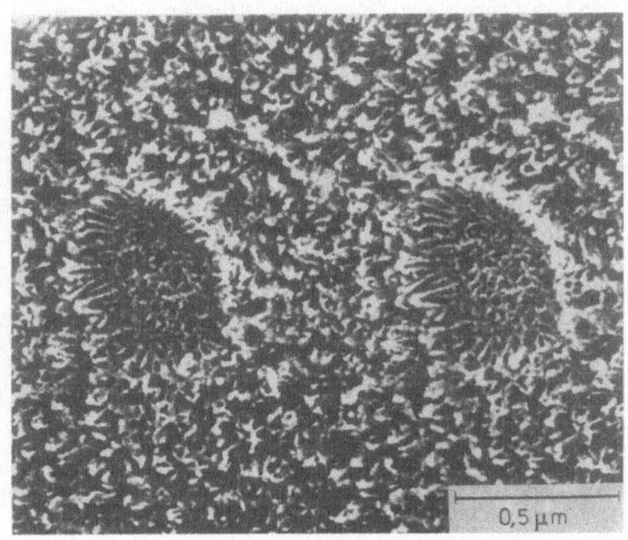

Bild 2.13: Oberflächenstruktur einer phosphorsäure-anodisierten Aluminiumoberfläche

Die so erzeugten Oberflächen sind jedoch sehr empfindlich gegenüber mechanischen Schädigungen, was die Handhabung der Teile erschwert. Die Schichten sind unbedingt durch den Auftrag eines Primers zu schützen.

2.2.8 Gleichstrom-Schwefelsäure-Anodisieren (GS) VDI 2229

Auch dieses Verfahren ist durchaus zur Vorbehandlung geeignet, aber wenig erprobt. Die erzeugten Oxidschichten sind dick und sehr spröde.

2.2.9 Spülen

Das Spülen ist im Zuge der Reinigungsverfahren ebenso wichtig, wie die Reinigung selbst, und die sorgfältigste Reinigung ist hinfällig, wenn die Spülung nicht einwandfrei vorgenommen wird. Man spült in der Regel mit kaltem Wasser. Ersteres hat den Vorteil, die Poren offen zu halten und dadurch die Entfernung der Reinigungslösung und eingeschlossenen emulgierten Stoffe zu erleichtern. Wenn nur ein Spülbehälter zur Verfügung steht, ist kaltes Spülen mit durchlaufendem kalten Wasser zu empfehlen. Dann schließt sich ein Spülvorgang mit entionisiertem Wasser an. Entionisiertes Wasser kann aber Verunreinigungen aus dem Ionenaustauscher oder nichtionogene Stoffe enthalten. Sie können z.B. beim Spülen nach dem Beizen stören. Dann ist destilliertes Wasser zu verwenden. Rühren ist zweckmäßig und kann durch Einblasen von Luft oder Dampf geschehen.

Das Spülwasser vor und nach den alkalischen Reinigungs- bzw. Beizbäder soll regelmäßig mit z.B. Phenolphthalein oder pH-Elektrode auf Alkalität geprüft werden.

Bild 2.14 faßt den Ablauf der Oberflächenvorbehandlung an Aluminium zusammen und Bild 2.15 zeigt die Unterschiede der Oberfläche verschiedener Vorbehandlungsverfahren.

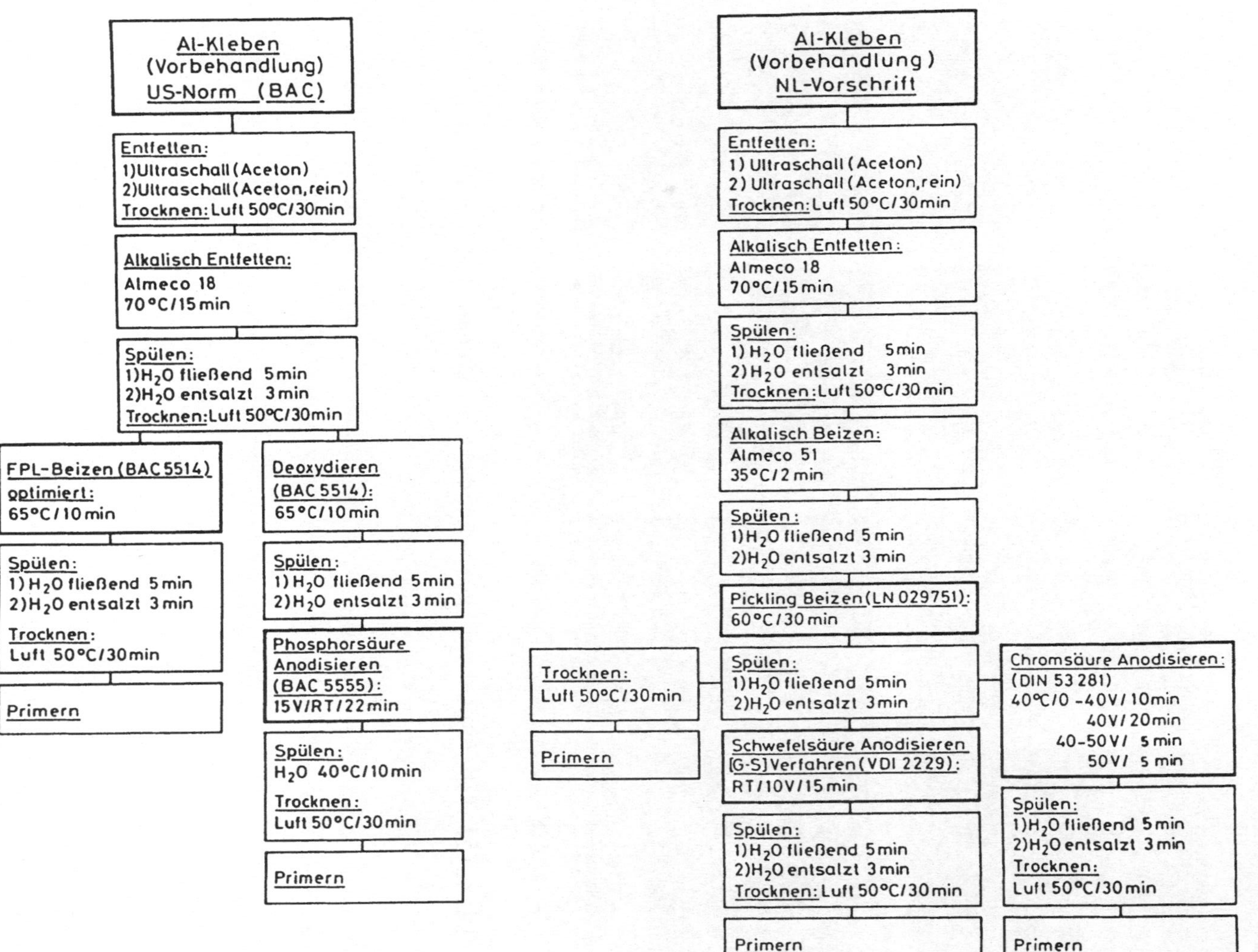

Bild 2.14: Ablauf der Oberflächenvorbehandlung (Luftfahrt) an Aluminium

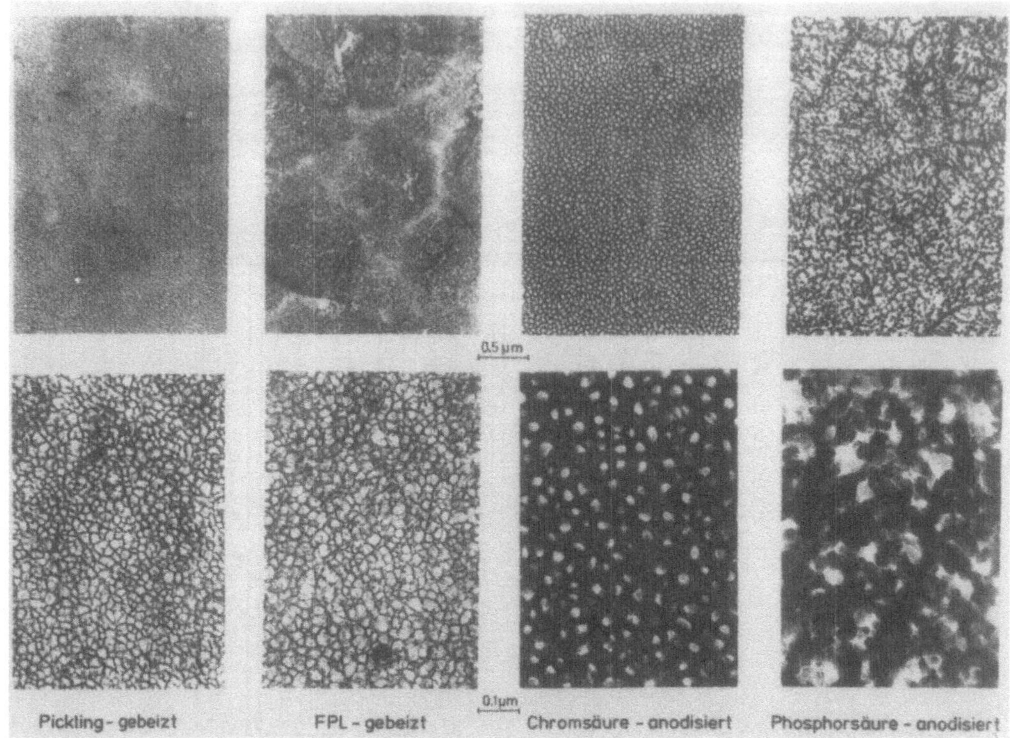

Bild 2.15: TEM-Aufnahmen vorbehandelter AlCuMg 2pl Oberflächen

3 Rezepturen/Badansätze/Vernichtung der Lösungen

3.1 NaOH zum Entfetten

Ansatz für 100 ml: 20 g Natriumhydroxid (Ätznatron)

+ 80 g dest. H_2O

HINWEIS: Bitte nur Kunststoffbehälter verwenden, da Natronlauge Glas anätzt!

Beseitigung: Mit sehr viel Wasser nachspülen
Größere Mengen vorher neutralisieren.

Schutzmaßnahmen: s. Säuren und Laugen
Abzug dringend erforderlich (Dämpfe)!

bes. Gefahren: Natronlauge ist sehr ätzend,
greift Schleimhäute an,
Dämpfe sehr ätzend für die Augen

ERSTE HILFE: s. Säuren und Laugen
Arzt rufen!

3.2 Chemoxal

ALKALISCHES BEIZEN MIT CHEMOXAL

Firma: Alu Swiss

Ansatz: 6 g Chemoxal I

auf 100 ml H_2O

Beizen: 80 °C, 1 min
Verdampftes Wasser regelmäßig ersetzen

Beseitigung: Mit viel Wasser nachspülen.
Größere Mengen vorher neutralisieren.
Enthält Phosphat.

Schutzmaßnahmen: Tragen von Atemschutzmaske erforderlich
Tragen von Schutzbrille
Tragen von Schutzkleidung
Tragen von Schutzhandschuhen
ABZUG

Bes. Gefahren: Greift die Schleimhäute an (Nase, Mund), nicht an den Mund bringen

Erste Hilfe: Notarzt rufen!

3.3 Almeco 18

ALKALISCHES ENTFETTEN MIT ALMECO 18

Firma: Henkel

Ansatz für 1 l:	45 g Almeco 18 mit dest. H_2O auf 1 l auffüllen. Bad auf 80 °C erhitzen, bis sich alles gelöst hat. Verdampftes Wasser ist regelmäßig zu ersetzen.
Entfetten:	20 min bei 80 °C

Beseitigung:	Mit viel Wasser nachspülen. Größere Mengen vorher neutralisieren.
Schutzmaßnahmen:	Tragen von Atemschutzmaske erforderlich Tragen von Schutzbrille Tragen von Schutzkleidung Tragen von Schutzhandschuhen ABZUG
Bes. Gefahren:	Greift die Schleimhäute an (Nase, Mund)
Erste Hilfe:	Notarzt rufen!

3.4 Almeco 51

ALKALISCHES BEIZEN MIT ALMECO 51

Firma: Henkel

Ansatz für 1 l:	15 g Almeco 51 mit dest. H_2O auf 1 l auffüllen. Bad auf 35 °C erhitzen und rühren, bis sich alles gelöst hat. Verdampftes Wasser ist regelmäßig zu ersetzen.
Beizen:	5 min bei 35 °C

Beseitigung:	Mit viel Wasser nachspülen. Größere Mengen sind vorher zu neutralisieren.
Schutzmaßnahmen:	Tragen von Atemschutzmaske erforderlich Tragen von Schutzbrille Tragen von Schutzkleidung Tragen von Schutzhandschuhen ABZUG
Bes. Gefahren:	Greift die Schleimhäute an (Nase, Mund)
Erste Hilfe:	Notarzt rufen!

3.5 Pickling-Beize

Ansatz für ca. 0,5 l:	326 ml H_2O 37,5 g $Na_2Cr_2O_7$ (Natriumdichromat) 75 ml H_2SO_4 (Schwefelsäure)
Beizen:	Temp.: 60 °C Zeit : 30 min Verdampftes Wasser ist regelmäßig zu ersetzen.

Beseitigung:	SONDERMÜLL (Chromatabfälle) Kennzeichnungspflichtiger Behälter!
Bes. Gefahren:	siehe Schwefelsäure/Natriumdichromat kann Krebs erzeugen. + siehe Extrablatt Chromate

Schutzmaßnahmen beim Ansetzen größerer Bäder:
Das dest. Wasser in einen großen Eimer (Kunststoff 15 l) geben. Natriumdichromat abwiegen und hinzugeben. Die Lösung rühren, bis sich alles gelöst hat. Die Schwefelsäure ist in einem trockenen Meßzylinder abzumessen. Die Lösung mit dem Natriumdichromat in einem kalten Wasserbad von außen kühlen. Die Schwefelsäure wird vorsichtig, unter ständigem Rühren, langsam zur Natriumdichromatlösung gegossen. Hierbei darf die Temperatur der Lösung nicht über 65 °C ansteigen. Wenn die gesamte Schwefelsäure eingerührt ist, muß das Bad eingebeizt werden. Dazu wird es auf 60 °C erhitzt. Pro Liter Beize werden 0,5 g Al 2024 T_3 im Bad gelöst. Wenn sich nach mehreren Stunden alles aufgelöst hat, ist das Bad gebrauchsfertig. Anstelle des Einbeizens können auch 0,5 g/l Aluminium + 1,5 g/l Kupfersulfat zugesetzt werden, s. DIN 53281.
Ansonsten siehe Säuren und Laugen.
Atemschutzmaske erforderlich
nicht mit Stahl oder Eisen in Berührung kommen lassen
(Ausnahme V_2A)

ERSTE HILFE:	siehe Säuren und Laugen

3.6 Chromsäure zum Anodisieren

Ansatz für ca. 1 l:	20 g Chrom(VI)-oxid (CrO_3) + 1 l dest. H_2O
Kathode:	V_2A
Temp.:	40 °C (± 2 °C)
Zeit:	von 0 bis 40 V in 10 min 40 V 20 min von 40 bis 50 V in 5 min 50 V 5 min verdampftes Wasser ist regelmäßig zu ersetzen

---

Beseitigung:	SONDERMÜLL (Chromatabfälle) Kennzeichnungspflichtiger Behälter!
Bes. Gefahren:	Chrom(VI)-oxid erzeugt Krebs! + siehe Extrablatt Chromate!
Schutzmaßnahmen:	s. Säuren und Laugen Beim Anodisieren unbedingt Atemschutzmaske tragen! Nicht mit Stahl oder Eisen in Berührung kommen lassen (Ausnahme V_2A)
ERSTE HILFE:	siehe Säuren und Laugen

3.7 FPL-Beize

Anzatz für 1 l: 500 ml dest. Wasser

+ 50 g $Na_2Cr_2O_4 \cdot 2H_2O$

+ vorsichtig 300 g H_2SO_4 (konz.), mit dest. H_2O auf 1 l auffüllen

Einbeizen: 1,5 g AlCuMg 2pl / 1 Beize auflösen

Beizen: Temp. +65 °C
Zeit 10 min

Verdampftes Wasser ist regelmäßig zu ersetzen.

Beseitigung und bes. Gefahren siehe Pickling-Beize

ERSTE HILFE siehe Säuren und Laugen !

3.8 Phosphorsäure zum Anodisieren

Ansatz für ca. 1 l :	129 g 85 %ige H_3PO_4 pro l
Kathode :	V_2A
Temperatur :	RT
Zeit :	22 min bei 15 V
Achtung:	Nach dem Anodisieren schließt sich ein Spülen in dest. H_2O bei +40 °C (10 min) an !!!

Beseitigung:	Wenn der Cu-Gehalt nicht zu hoch ist, können kleinere Mengen nach der Neutralisation direkt entsorgt werden. Andernfalls ist die Phosphorsäure als Sondermüll zu behandeln. Enthält Phosphat.

3.9 Schwefelsäure zum Anodisieren

Ansatz für ca. 1 l :	In ca. 500 ml dest. H_2O 200 g H_2SO_4 vorsichtig einrühren und mit dest. Wasser auf 1 l auffüllen
Kathode :	Blei
Temperatur :	RT
Zeit :	15 min. bei 10 V

ACHTUNG beim Ansatz des Bades: Schwefelsäure zieht Wasser an !!!
Temperatur !!

Beseitigung:	Nach der Neutralisation ist die Entsorgung möglich, wenn der Cu-Gehalt nicht zu hoch ist, s. Phosphorsäure.

4 Sicherheitsratschläge, Arbeitsvorschriften

4.1 Entfettungsbäder

a. Die Entfettungsbäder in Laboratorien enthalten in der Regel Aceton bzw. MEK (Methylethylketon)

b. Be- und Entlüftung der Arbeitsräume, Absaugen der an den Arbeitsstellen entstehenden Dämpfe -> ABZUG
ACHTUNG: Lösemitteldämpfe steigen nicht wie z.B. Wasserdampf nach oben, sondern bleiben am Boden!!
Bei großen Bädern ist eventueller Schutz und Vermeidung statischer Aufladungen erforderlich.

c. evtl. Tragen von Atemschutzmasken

d. Tragen von Schutzbrillen

e. Tragen von Schutzkleidung (nur Baumwollkittel)

f. Tragen von Schutzhandschuhen

g. Rauchverbot in den Arbeitsräumen -> EXPLOSIONSGEFAHR, Vergiftungsgefahr

h. Abfälle in gekennzeichnete Behälter füllen -> SONDERMÜLL

i. Chlorierte Lösemittel in gesondert gekennzeichnete Behälter füllen

j. Beim Arbeiten mit Lösemitteln keine Speisen oder Getränke zu sich nehmen

k. Entfettungsbäder nicht überhitzen (Sieden des Lösemittels; z.B. Aceton: 56 °C)

l. Es empfiehlt sich, Feuerlöscher (Pulver) in geeigneter Größe in der Nähe zu installieren (MEK, Aceton sind brennbar)

ERSTE HILFE:

durchtränkte Kleidung ausziehen - Waschen von Haut mit viel Wasser (zunächst ohne Seife - Seife beschleunigt Aufnahme durch die Haut) -- Hautschutzsalbe auftragen.

Wenn Lösemittel in die Augen oder Mund geraten sind, sofort einen Arzt aufsuchen!

Ohnmächtige nicht am Boden liegen lassen (Lösemitteldämpfe am Boden s. Nr. b)

Im BRANDFALL — Nur mit PULVERLÖSCHERN löschen!
K E I N W A S S E R ! !

4.2 Säuren und Laugen

a. Be- und Entlüftung der Arbeitsräume, Absaugen der an den Arbeitsstellen entstehenden Dämpfe -> ABZUG

b. Geeignete Arbeitsunterlage verwenden -> PAPIER oder KERAMIK
Papier häufig wechseln, mit Polypropylen kaschiertes Papier verwenden.

c. evtl. Tragen von Atemschutzmasken

d. Tragen von SCHUTZBRILLEN

e. Tragen von SCHUTZKLEIDUNG -> Baumwollkittel, säurefeste Schürze

f. Tragen von SCHUTZHANDSCHUHEN

g. Alle Aufbewahrungsgefäße deutlich kennzeichnen

h. Keine Chemikalien in konzentrierter Form weggießen. Abwasserbestimmungen beachten!

i. Alle kritischen Substanzen kühl, feuersicher und lichtgeschützt lagern.

j. Beim Ansetzen von Säuren + Laugen die aggressiveren Chemikalien in das Verdünnungsmittel (Wasser, Alkohol, Glycerin u.a.) geben.

Erst das Wasser, dann die Säure!!! (sonst geschieht das Ungeheuere)

Schwefelsäure siehe Extrablatt!!

k. Beim Ansetzen von Säuren und Laugen auf die Temperatur achten!
Eventuell in Kühlbädern arbeiten!

ERSTE HILFE:

A. Bei Verätzungen der Haut

1. Mit ätzendem Stoff durchsetzte Kleidungsstücke sofort entfernen.

2. Haut mit viel Wasser abspülen

3. Bei stärkerer Rötung oder Schmerzen unbedingt Arzt aufsuchen.

B. Verätzungen der Augen

1. Mit beiden Händen das Auge weit aufhalten und ca. 10 min unter fließendem Wasser oder mit der Augenspülflasche spülen.

2. Deckverband (Taschentuch oder Halstuch) über das verätzte Auge legen und sofort den Notarzt rufen!

C. Innere Verätzungen

1. Nach Verschlucken von Laugen oder Säuren sofort Wasser (kein Alkohol) trinken lassen. Die Verätzung tritt im Magen innerhalb von 20 Sek. ein!!

2. Sofort zum Arzt!

3. Ein Erbrechen von konzentrierter Säure bzw. Lauge sollte verhindert werden, da die Speiseröhre empfindlich ist. Falls jedoch trotzdem ein Erbrechen eintritt, muß durch eine Kopftieflage des Patienten verhindert werden, daß Erbrochenes in die Luftröhre gelangen und zur Lungenentzündung führen kann.

4.3 Chrom-(VI)-Verbindungen

Gefahrenklasse A1

Natriumchromat Na_2CrO_4 Chrom-(VI)-Oxid
bzw. Natriumdichromat $Na_2Cr_2O_7$

a) Calciumchromat, $CaCrO_4$
gelbe, pulverförmige, in Wasser schwerlösliche Substanz

b) Chrom-(III)-Chromate
stöchiometrisch nicht definierte Verbindungen, die nicht isoliert als End- oder Zwischenprodukt auftreten

c) Strontiumchromat, $SrCrO_4$
gelbe, pulverförmige, in Wasser fast unlösliche Substanz, Korrosionsschutzpigmente

d) Zinkchromat, $ZnCrO_4$
als Korrosionsschutzpigmente sind folgende gelbe, pulverförmige, in Wasser fast unlösliche Substanzen von Bedeutung:
- basisches Zinkkalichromat $K_2CrO_4 \cdot 3ZnCrO_4 \cdot Zn(OH)_2 \cdot 2H_2O$
- Zinktretrahydroxidchromat $ZnCrO_4 \cdot 4Zn(OH)_2$

Chromate sind beim Menschen krebserzeugend !!!!!!
Für die krebserzeugende Wirkung von Chrom-(VI)-Verbindungen ist nur die Aufnahme durch die Atemwege von Bedeutung. Für die sensibilisierende Wirkung ist der Hautkontakt, in seltenen Fällen Schleimhautkontakt verantwortlich.

Die Chrom-VI-Verbindungen sind starke Oxidationsmittel. Darauf basiert die zellschädigende Wirkung. Im Zusammenhang mit den im Körper ablaufenden Redoxprozessen wird auch die krebserzeugende Wirkung gesehen. Häufiges Anzeichen einer Chrom-Verätzung ist Nasenbluten. Die Arbeiten sind dann sofort einzustellen und ein Arzt aufzusuchen. Die Absaugungen sind zu prüfen. Es gibt keine Untergrenze bei den Chromaten, die als absolut ungefährlich anzusehen ist.

5 Verarbeitungsmerkmale Klebstoffe und Primer (Auswahl)

Die folgenden Beispiele beschreiben typische Klebstoffe. Allgemeine Hinweise sind in Kapitel 8 beschrieben.

1. Redux 775 Film

PHENOLHARZ-KONSTRUKTIONS-KLEBFILM

REDUX 775 Film Firma: Ciba-Geigy

Basis Harz:	Phenolharz + Polyvinylformal
Verarbeitungsmerkmale:	20 min 150 °C
+	30 min 160 °C
	80-100 N/cm^2 Anpreßdruck
	2 - 5 °C/min Aufheizrate
	Lagerung bei RT möglich.

Hinweis: A C H T U N G !!

Phenol ist beim Menschen krebserregend!

Beim Härten entsteht Formaldehyd: ebenfalls krebserregend!

Die bei der Aushärtung des Klebstoffs entstehenden Dämpfe nicht einatmen!

Zum Verkleben geeignete Werkstoffe:

- Aluminium
- Al-Legierungen
- Gummi
- Holz
- temperaturbeständige Kunststoffe

2. Redux 775 2K

PHENOLHARZ-KONSTRUKTIONS-KLEBSTOFF

REDUX 775 2K   Firma: Ciba-Geigy

Basis Harz: Phenolharz in Lösemittel (Alkohol)
+ Polyvinylformal (PVF)

Verarbeitungsmerkmale:
1) Proben mit Phenolharz einstreichen
2) 5 min Ablüften bei RT
3) Polyvinylformal aufstreuen
4) überflüssiges PVF abschütteln
5) Proben 60 min bei RT ablüften lassen
6) Proben zusammenfügen
7) 30 min bei 160 °C (180 °C) Aushärtung
70 N/cm^2 Anpreßdruck

Hinweise:

1) Für ein gleichmäßiges Auftragen des PVF eignet sich ein großmaschiges Teesieb. Salzstreuer sind wegen Verwechslungsgefahr mit einem Frühstückssalzfaß tunlichst zu vermeiden.

2) Die Probenvorbereitung (Klebstoffauftrag) muß unbedingt im ABZUG erfolgen!!

3) siehe Redux 775 Film

Zum Verkleben geeignete Werkstoffe:

siehe Redux 775 Film

3. technicoll 8402

REAKTIONS-KLEBSTOFF IN FOLIENFORM

technicoll 8402 Firma: Beiersdorf

Basis: Nitrilkautschuk/Phenolharz

Charakteristik: heißhärtbarer Klebstoff in Folienform zum hochfesten Verbinden vorrangig wärme- und druckfester Materialien.

Verarbeitungsmerkmale: Klebstoff mit einseitiger Schutzfolie
1. mit Wärme : Bügeleisen 150 - 180 °C
(bei dünnen Blechen)
2. mit Heißpresse:
a) 120 °C 0.7 N/mm^2
b) 180 °C 1.3 N/mm^2
Zeit: 15 bis 30 min
unter Druck abkühlen lassen.

Beseitigung: nichtausgehärteter Klebstoff: SONDERMÜLL
ausgehärteter Klebstoff: normaler Müll

Schutzmaßnahmen beim Kleben: Phenol ist beim Menschen krebserregend !!!
Beim Härten entsteht Formaldehyd !!
Krebserregend !!
Die bei der Härtung entstehenden Dämpfe nicht einatmen !!
Weitere Informationen siehe "Phenol"

Sicherheitsratschläge: siehe "Phenol"

ERSTE HILFE : siehe "Phenol"

Zum Verkleben geeignete Werkstoffe: Metalle
Phenolharzpreßmassen
Gewebe etc.

4. BSL 319

PRIMER (s. Kap. 8.7)

BSL 319 Firma: Ciba-Geigy

Basis Harz:	Phenolharz, Epoxinovolak, Epoxidharz
Pigment :	Chromat
Verarbeitungsmerkmale:	30 min RT + 60 min 175 °C Aushärtung Schichtdicke: 4 bis 8 µm (trocken)

HINWEISE: A C H T U N G !

Phenol ist beim Menschen krebserregend!

ABZUG bzw. SPRITZKABINE und Atemschutzmaske dringend erforderlich!

5. BSL 101

PRIMER

BSL 101 Firma: Ciba-Geigy

Basis Harz: Phenolharz

Verarbeitungsmerkmale:

1) in Verbindung mit Redux 775 Film:
   15 min RT Trocknen
   +
   30 min 150 °C Aushärtung

2) in Verbindung mit Redux 775 2K:
   15 min RT Trocknen
   +
   60 min 75 °C Aushärtung

Schichtdicke: 4 bis 8 µm (trocken)

HINWEISE:

1) A C H T U N G !

   Phenol ist beim Menschen krebserregend!

   ABZUG bzw. SPRITZKABINE und Atemschutzmaske dringend erforderlich!

2) BSL 101 läßt sich mit einer Airless-Spritzanlage problemlos verarbeiten.

6. EC 1945

PRIMER

EC 1945	Firma: 3M
Basis Harz :	modifiziertes Epoxidharz
Basis Härter:	modifizierte Amine
Pigment :	Chromat
Lösemittel Harz :	Ketone
Lösemittel Härter:	Ketone, Aromaten
Verarbeitungsmerkmale:	Mischungsverhältnis = 1:1 Vol. 24 h bei RT Aushärtezeit oder 1 h bei 80 °C
Beseitigung:	SONDERMÜLL
Schutzmaßnahmen: 1)	Abzug Schutzkleidung Schutzhandschuhe Schutzbrille Atemschutzmaske
bes. Gefahren: 2)	Primer ist leicht entzündlich Kann Haut + Augen reizen Gesundheitsschädlich beim Einatmen + Verschlucken Enthält Zinkchromat Kann Krebs erzeugen, wenn beim Umgang das Zinkchromat in atembarer Form (z.B. Spritznebel) auftritt
Sicherheitsratschläge:	Behälter dicht geschlossen halten Von Zündquellen fernhalten Nicht rauchen Dämpfe nicht einatmen Berührungen mit der Haut und den Augen vermeiden Enthält Blei
ERSTE HILFE:	Spritzer auf die Haut oder in die Augen gründlich mit Wasser abspülen

Zum Primern geeignete Werkstoffe:
Metalle, Al-Legierungen, Stahl, cadmierte Stähle

7. EC 3924 / EC 3980

PRIMER

EC 3924 / EC 3980 Firma: 3M

Basis Harz:	Gemisch aus synthetischen Harzen
Pigment :	Chromat
Lösemittel:	Tetrahydrofuran, Methylethylketon, Dimethylformamid
Verarbeitungsmerkmale:	Lufttrocknung 30 bis 60 min RT gefolgt von Ofentrocknung 60 min 125 ± 5 °C
Beseitigung:	SONDERMÜLL
Schutzmaßnahmen:	1) Siehe EC 1945
bes. Gefahren:	2) Leicht entzündlich Gesundheitsschädlich beim Einatmen. Reizt die Augen, Atmungsorgane und die Haut. Ernste Gefahr irreversiblen Schadens. Enthält Strontiumchromat. Kann Krebs erzeugen, wenn beim Umgang mit Strontiumchromat in atembarer Form (z.B. Sprühnebel) auftritt.
Sicherheitsratschläge:	Behälter dicht geschlossen halten Vor Hitze schützen Von Zündquellen fernhalten Nicht rauchen Dämpfe nicht einatmen Berührungen mit der Haut oder den Augen vermeiden. Nur an gut belüfteten Orten benutzen.
ERSTE HILFE:	Bei Berührungen mit den Augen gründlich mit Wasser spülen und Arzt aufsuchen. Bei Berührungen mit der Haut sofort abwaschen mit viel Wasser.

Zum Primern geeignete Werkstoffe:

- Al-Werkstoffe

8. BR 127

PRIMER

BR 127 — Firma: American Cyanamid Company

Basis Harz:	Epoxidharz, Epoxinovolak, Phenolharz
Pigment :	Strontiumchromat
Lösemittel:	THF, MEK, Dimethylformamid
Verarbeitungsmerkmale:	30 min bei RT Trocknung + 30 min bei 120 °C Aushärtung Schichtdicke 4 bis 8 µm (trocken)

HINWEISE: Vor der Verarbeitung ausreichend rühren!

Läßt sich problemlos spritzen!

Enthält Strontiumchromat!

9. EA 9228

PRIMER

EA 9228 Firma: Hysol/Aero Consultants

Basis Harz:	Epoxidharz
Basis Härter:	Polyamin
Lösemittel:	enthält brennbare Lösemittel
Verarbeitungsmerkmale:	60 min bei RT Trocknung + 60 min bei 120 °C Aushärtung Schichtdicke 4 bis 8 µm (trocken)

HINWEISE: Vor der Verarbeitung ausreichend rühren!

Enthält Strontiumchromat!

10. AF 126-2 und AF 163-2k

KONSTRUKTIONS-KLEBFILME

a) AF 126-2 Firma: 3M

b) AF 163-2K Firma: 3M

Basis Harz: a) mod. Epoxidharz + Träger,
Plastifizierungsmittel: Nitrilkautschuk

Basis Harz: b) mod. Epoxidharz + Träger, Plastfilm: Kautschuk

Verarbeitungsmerkmale: a) 60 min 125 °C
25 bis 35 N/cm^2 Anpreßdruck
2 bis 5 °C/min Aufheizrate
Lagerung in Tiefkühltruhe
b) wie a)

Beseitigung: ausgehärtete Klebstoffe: normaler Müll
nichtausgehärtete Klebstoffe: SONDERMÜLL

Schutzmaßnahmen beim Kleben: Schutzhandschuhe
(beim Zusammenfügen der Proben)

besondere Gefahren: reizt Augen und Haut
Sensibilisierung durch Hautkontakt möglich

Sicherheitsratschläge: Längeren oder wiederholten Kontakt mit der Haut vermeiden.
Die beim Härteprozeß freigesetzten Dämpfe nicht einatmen.

ERSTE HILFE: Bei Berührungen mit der Haut gründlich mit Wasser und Seife waschen.
Augen -> Arzt!

Zum Verkleben geeignete Werkstoffe:

AF 126-2 : Al-Legierungen, Ti-Legierungen, CFK

AF 163-2K: Metall/Metall, Metall/Wabenkonstruktionen aus Al, Ti, Edelstahl und CFK

11. AF 42

KONSTRUKTIONS-KLEBFILM

AF 42 Firma: 3M

Basis Harz:	Nylon-Epoxidharz ohne Träger
Verarbeitungsmerkmale:	40 min 175 °C Aushärtezeit
	30 bis 35 N/cm^2 Anpreßdruck
	3 bis 5 °C/min Aufheizrate
	Lagerung in Tiefkühltruhe

HINWEISE: Dieser Klebfilm ist sehr dünn, daher ist er in einfacher Lage für sandgestrahlte oder geschliffene Oberflächen nicht oder nur bedingt geeignet.

Für nicht allzu anspruchsvolle Klebungen kann der AF 42 aber auch mehrlagig verklebt werden.

Zum Verkleben geeignete Werkstoffe:

- Metall/Glas
- Stahl
- Aluminium

12. FM 73

KONSTRUKTIONS-KLEBFILM

FM 73 Firma: American Cyanamid Company

Basis Harz:	Epoxidharz + Träger, Plastifizierungsmittel: Kautschuk
Verarbeitungsmerkmale:	90 min 120 °C Aushärtezeit
	30 N/cm^2 Anpreßdruck
	3 bis 5 °C/min Aufheizrate
	Lagerung in Tiefkühltruhe

HINWEISE:	Trennfolie einseitig - sollte sie sich bei RT nicht vom Klebstoff lösen, kurz in die Tiefkühltruhe - dann abziehen!

Zum Verkleben geeignete Werkstoffe:

- Aluminium
- Al-Legierungen

13. EA 9673

KONSTRUKTIONS-KLEBFILM

EA 9673 Firma: Hysol Aero Consultants

Basis Harz: modifiziertes Bismaleimid + Träger

Verarbeitungsmerkmale: 60 min 177 °C Aushärtezeit

10 bis 20 N/cm² Anpreßdruck

2 bis 3 °C/min Aufheizrate

dann Nachtempern der Proben

2 Stunden bei 246 °C.

HINWEISE: Die Trennfolie läßt sich bei RT nur ruckartig vom Klebstoff ablösen.

Zum Verkleben geeignete Werkstoffe:

- Aluminium
- Al-Legierungen

14. EA 9628

KONSTRUKTIONS-KLEBFILM

EA 9628 Firma: Hysol Aero Consultants

Basis Harz:	modifiziertes Epoxidharz + Träger
Verarbeitungsmerkmale:	90 min 113 °C Aushärtezeit
	30 N/cm^2 Anpreßdruck
	2 bis 4 °C/min Aufheizrate
	Lagerung in Tiefkühltruhe

Zum Verkleben geeignete Werkstoffe:

- Aluminium
- Al-Legierungen

15. EC 2214

EIN-KOMPONENTEN KONSTRUKTIONSKLEBSTOFFE

EC 2214 Firma: 3M

Basis Harz:	modifiziertes Epoxidharz (mit Metallpulver gefüllt), pastös
Verarbeitungsmerkmale:	40 min 120 °C Aushärtung 2 bis 5 °C/min Aufheizrate

---

Beseitigung:	ausgehärteter Klebstoff: normaler Müll nichtausgehärteter Klebstoff: SONDERMÜLL
Schutzmaßnahmen beim Kleben: (beim Zusammenfügen der Proben)	Schutzhandschuhe Schutzkleidung
bes. Gefahren:	Reizt die Augen und die Haut Sensibilisierung durch Hautkontakt möglich Dämpfe können gesundheitsschädlich sein.
Sicherheitsratschläge:	Berührungen mit Haut und Augen vermeiden. Nur an gut gelüfteten Orten benutzen. Schleifstaub und die beim Härteprozeß freigesetzten Dämpfe nicht einatmen.
ERSTE HILFE:	Beschmutzte, getränkte Kleidung sofort ausziehen. Bei Berührungen mit den Augen gründlich mit Wasser abspülen und Arzt konsultieren. Bei Berührungen mit der Haut sofort mit Wasser und Seife waschen. Beschmutzte Kleidung sofort reinigen. Ungereinigte Kleidung nicht benutzen.

Zum Verkleben geeignete Werkstoffe:

Aluminium, Al- + Mg-Legierungen, Sintermetalle, Buntmetalle, Ti-Legierungen, GFK, CFK

16. AT 1

Araldit AT 1
(1-K Epoxidharz) Firma: Ciba-Geigy

Lieferform: a) Pulver
b) Stangen

Verarbeitungsmerkmale: Fügeteile auf 120 °C erwärmen Pulver aufstreuen bzw. Stangen aufstreichen, härten

Härtebedingungen:

Temp.	min.Zeit	max.Zeit
110	48 h	*
120	24 h	*
130	10 h	5 Tage
140	5 h	24 h
150	3 h	16 h
160	2 h	8 h
170	80 min	6 h
180	55 min	4 h
190	45 min	3 h
200	30 min	2 h
220	10 min	60 min
250	7 min	10 min
280	3 min	5 min

Proben im Ofen bzw. Presse auf 80 °C herunterkühlen!!

Zum Verkleben geeignete Werkstoffe:

- Metalle
- Keramik
- Kunststoffe

17. ESP 107

1 K-EPOXIDHARZ

ESP 107 Firma: Delo

Basis Harz:	Epoxidharz gefüllt mit Al-Pulver
Verarbeitungsmerkmale:	40 min bei 150 °C Aushärtezeit oder 15 min bei 180 °C Kontaktdruck 2 bis 3 °C/min Aufheizrate

---

Hinweis:	Sollte sich der ESP 107 nur sehr schwer verarbeiten lassen, ist ein Erwärmen der Kartuschen auf ca. 40 °C bis 50 °C möglich.

Zum Verkleben geeignete Werkstoffe:

- Metalle
- Ferrite
- Keramik
- warmfeste Kunststoffe

18. AW 106 + HV 953 U

Araldit AW 106 mit Härter HV 953 U

(2 K-Epoxidharz) Firma: Ciba-Geigy

Basis Harz:	Epoxidharz (lösemittelfrei)
Basis Härter:	Polyamidoamin
Verarbeitungsmerkmale:	Mischungsverhältnis nach Gewicht Harz/Härter 1:0,8 2 h Topfzeit
Härtebedingungen:	24 h RT oder 3 h 40 °C 50 min 70 °C 10 min 100 °C 5 min 150 °C

Zum Verkleben geeignete Werkstoffe:

- Metall
- Keramik
- Holz
- vulkanisierter Kautschuk
- Schaumstoffe
- gehärteter Kunststoff

19. CY 221 + HY 2967

Araldit CY 221 mit Härter HY 2967

(Gießharz) Firma: Ciba-Geigy

Basis Harz:	modifiziertes Epoxidharz (lösemittelfrei)
Basis Härter:	formuliertes Polyamin
Verarbeitungsmerkmale:	Mischungsverhältnis nach Gewicht Harz/Härter 100:35
Härtebedingungen:	24 bis 48 h RT oder 4 h RT + 4 h 60 °C

Anwendungsgebiete:	Ein- oder Umgießen von Teilen in der Niederspannungs- und Elektronikindustrie Vergießen der Verbindungs- und Abzweigstellen von Fernmeldekabeln

20. AW 2104 + HW 2934

Araldit AW 2104 mit Härter HW 2934

(2 K-Epoxidharz) Firma: Ciba-Geigy

Basis Harz:	Epoxidharz (lösemittelfrei)
Basis Härter:	Amin und Merkaptan
Verarbeitungsmerkmale:	Mischungsverhältnis nach Gew. Harz/Härter 1:0,8 Topfzeit 100 g 4 min
Härtebedingungen:	2 h RT oder 1 h 30 °C oder 0,5 h 80 °C

Sicherheitsratschläge:	Abzug dringend erforderlich!!! Der Härter ist übelriechend.

Zum Verkleben geeignete Werkstoffe:

- Aluminium
- Stahl (rostfrei)
- Stahl (verzinkt)
- Kupfer
- Messing
- Kunststoffe

21. EC 2216 B/A

2 K-EPOXIDHARZ

EC 2216 B/A   Firma: 3M

Basis Harz :	modifiziertes Epoxidharz
Basis Härter:	modifiziertes Polyamin
Verarbeitungsmerkmale:	Mischungsverhältnis nach Volumen B/A 2:3 Mischungsverhältnis nach Gewicht B/A 5:7 ca. 90 min Verarbeitungszeit 24 h RT Aushärtezeit

---

Beseitigung:	ausgehärteter Klebstoff: normaler Müll nichtausgehärteter Klebstoff: SONDERMÜLL
Schutzmaßnahmen beim Kleben (Zusammenfügen):	Abzug Schutzkleidung Schutzhandschuhe
bes. Gefahren:	EC 2216 Teil A kann die Haut reizen. Verursacht schwere Reizungen der Augen und kann zu dauerndem Schaden führen. Cu (wirkt wie eine Lauge) EC 2216 Teil B siehe EC 1645
Sicherheitsratschläge:	Berührungen mit der Haut und den Augen vermeiden. Bei der Arbeit nicht rauchen.
ERSTE HILFE:	Bei Berührungen mit den Augen: Gründlich mit Wasser abspülen - Arzt konsultieren. Bei Berührungen mit Haut sofort mit Wasser und Seife waschen. Beschmutzte Kleidung sofort reinigen - ungereinigte Kleidung nicht benutzen

---

Zum Verkleben geeignete Werkstoffe:
Metalle, Keramik, Holz
Kunststoffe: GFK, Polyester, Fluorkautschuk

22. EC 1614 B/A

ZWEI-KOMPONENTEN-KONSTRUKTIONSKLEBSTOFF

EC 1614 B/A Firma: 3M

Basis Harz :	modifiziertes Epoxidharz
Basis Härter:	modifiziertes Polyamid
Verarbeitungsmerkmale:	Mischungsverhältnis nach Vol. B/A 5:6 Mischungsverhältnis nach Gew. B/A 1:1 60 min Verarbeitungszeit 24 h RT Aushärtezeit oder 1 h 80 °C Aushärtezeit

---

Beseitigung:	ausgehärteter Klebstoff: normaler Müll nichtausgehärteter Klebstoff: SONDERMÜLL
Schutzmaßnahmen beim Kleben (Zusammenfügen):	Abzug Schutzkleidung Schutzhandschuhe
bes. Gefahren:	reizt die Haut und die Augen, Sensibilisierung durch Hautkontakt möglich, Dämpfe können gesundheitsschädlich sein.
Sicherheitsratschläge:	Berührungen mit der Haut u.d. Augen vermeiden. Bei der Arbeit nicht rauchen.
ERSTE HILFE:	Bei Berührungen mit den Augen: Gründlich mit Wasser abspülen - Arzt konsultieren. Bei Berührungen mit Haut sofort mit Wasser und Seife waschen. Beschmutzte Kleidung sofort reinigen - ungereinigte Kleidung nicht benutzen

---

Zum Verkleben geeigneter Werkstoffe:
Metalle, Keramik, Holz, Polyester und andere Kunststoffe

23. EC 3501 (DP100)

2 K-EPOXIDHARZ

EC 3501 B/A (DP100)   Firma: 3M

Basis Harz :	modifiziertes Epoxidharz
Basis Härter:	modifiziertes Amin, Merkaptoverbindung
Verarbeitungsmerkmale:	EC 3501 B/A: MV nach Vol. B/A 1:1 MV nach Gew. B/A 100:110 ca. 7 min Verarbeitungszeit 24 h RT Aushärtezeit DP100: liegt in Kartuschen vor! Mischröhrchen 24 h RT Aushärtezeit
Beseitigung:	ausgehärteter Klebstoff: normaler Müll nichtausgehärteter Klebstoff: SONDERMÜLL
Schutzmaßnahmen beim Kleben: (Zusammenfügen der Proben)	Abzug Schutzkleidung Schutzhandschuhe
bes. Gefahren:	Gesundheitsschädlich beim Verschlucken. Reizt Augen und die Atmungsorgane.
Sicherheitsratschläge:	Berührungen mit der Haut u.d. Augen vermeiden. Bei der Arbeit nicht rauchen.
Erste Hilfe:	Bei Berührungen mit den Augen: Gründlich mit Wasser abspülen - Arzt konsultieren. Bei Berührungen mit Haut sofort mit Wasser und Seife waschen. Beschmutzte Kleidung sofort reinigen - ungereinigte Kleidung nicht benutzen

Zum Verkleben geeignete Werkstoffe:
Metalle, Stahl, Al, Cu, Messing
Kunststoffe: PC, PVC-hart, GFK, ABS, PMMA

24. XB 3179/XB 3180

2 K-EPOXIDHARZ-KLEBSTOFF

XB 3179 / XB 3180 Firma: Ciba Geigy

Basis Harz:	modifiziertes Epoxidharz auf Basis von Bisphenol A
Basis Härter:	modifiziertes Polyamin (gefüllt)
Charakteristik:	für Reparaturverklebungen im Karosseriebau (statt schweißen) lösemittelfreie, fugenfüllende, nichtablaufende Paste Mischfarbe: grün Harz : hellgelb Härter : blau
Verarbeitungsmerkmale:	MV a) nach Gew.-Teile Harz/Härter 1:1 MV b) nach Vol.-Teile Harz/Härter 1:1,3 Topfzeit: 100 g bei RT ca. 60 bis 70 min. Fugendicke: 0,05 bis 0,10 mm Kontaktdruck Aushärtung: RT 8 bis 12 Std. 40°C 3 bis 5 Std. 60°C 15 bis 20 min. 80°C 10 bis 12 min.
Vorbehandlung Grundwerkstoff:	keine Alkohole, Benzin oder Lackverdünner

---

Bes. Gefahren:

Harz: im Brandfall entsteht Kohlenmonoxid und Kohlendioxid
Entsorgung: lokale Vorschriften SONDERMÜLL

Härter: Im Brandfall entsteht Kohlenmonoxid, Kohlendioxid und Stickstoffoxid
Entsorgung: lokale Vorschriften SONDERMÜLL

Schutzmaßnahmen beim Kleben:

Schutzkleidung
Schutzhandschuhe
Schutzbrille
lokale Absaugvorrichtung am Arbeitsplatz

ERSTE HILFE:

Verschmutzte Hautpartien (Spritzer): Abtupfen mit saugfähigen Papier; Waschen mit warmen Wasser und alkalifreier Seife; k e i n e L ö s e m i t t e l !!!!
Bei stärkerer Irritation oder Verätzung den Arzt konsultieren.
Verschmutzte Kleidungsstücke sofort ausziehen.

Augen: Spritzer von Arbeitsstoffen sofort unter fließendem Wasser 10-15 min auswaschen.
Darauf in allen Fällen den Arzt konsultieren!

Durch Inhalation Geschädigte sofort an die frische Luft bringen.

Zum Verkleben geeignete Werkstoffe: Stahl
Aluminium
GFK

25. EC 3532 B/A

2 K-POLYURETHAN

EC 3532 B/A   Firma: 3M

Basis Harz :	modifiziertes Polyurethan
Basis Härter:	modifiziertes Isocyanat
Verarbeitungsmerkmale:	Mischungsverhältnis nach Vol. B/A 1:1 Mischungsverhältnis nach Gew. B/A 100:109 ca. 7 min Verarbeitungszeit 24 h RT Aushärtezeit

---

Beseitigung:	ausgehärteter Klebstoff: normaler Müll nichtausgehärteter Klebstoff: SONDERMÜLL
Schutzmaßnahmen beim Kleben: (Zusammenfügen der Proben)	Abzug Schutzkleidung Schutzhandschuhe
bes. Gefahren:	Gesundheitsschädlich beim Einatmen. Reizt Augen, Haut und Atemwege. Sensibilisierung durch Einatmen möglich. (gilt besonders für das Basis-Harz!)
Sicherheitsratschläge:	Berührungen mit der Haut u.d. Augen vermeiden. Bei der Arbeit nicht rauchen.
Erste Hilfe:	Bei Berührungen mit der Haut sofort mit Wasser und Seife waschen. Bei Berührungen mit den Augen sofort mit sehr viel Wasser mind. 15 min spülen, dabei die Augen öffnen. Schnell den Arzt rufen! Bei Atembeschwerden Arzt rufen!

Zum Verkleben geeignete Werkstoffe:
lack. + geprimerte Metalle, Holz, GFK, PC, ABS, PA, Phenolharzlaminate

26. Tegocoll 1636 S

2 K-POLYURETHAN

TEGO 1636 S — Firma: Goldschmidt

Basis Harz : Polyetherole

Basis Härter: Polyisocyanat

Verarbeitungsmerkmale: Mischungsverhältnis nach Gewicht
Harz/Härter 100:25
ca. 4 min Topfzeit
Aushärtung bei RT : mind. 24 h
" bei 80 °C: mind. 1 h

Beseitigung: ausgehärteter Klebstoff: normaler Müll
nichtausgehärteter Klebstoff: SONDERMÜLL

Schutzmaßnahmen, bes. Gefahren, Sicherheitsratschläge und
Erste Hilfe siehe EC 3532 B/A

Zum Verkleben geeignete Werkstoffe:

- reine Metallverbindungen
- Holzwerkstoffe
- zementgebundene Spanplatten
- Asbestzement
- mineralische und keramische Werkstoffe
- Weich- und Hartschaumstoffe
- duroplastische und thermoplastische Kunststoffe

27. Terotop L 40

Anaerober Kleb- und Dichtstoff

Terotop L 40 — Firma: Teroson

Basis:	Acrylsäure- oder Methacrylsäureester
Charakteristik:	lösemittelfreier einkomponentiger, anaerob aushärtender Kleb- und Dichtstoff. Die Aushärtung erfolgt unter Ausschluß von Sauerstoff und durch katalytische Einwirkung von Metallen.
Verarbeitungsmerkmale:	einseitiger Klebstoffauftrag kein Ablüften erforderlich Handfest nach ca. 10 bis 20 min Endfest nach ca. 12 h bei RT Fugendicke: bis max. 0,15 mm
Beseitigung:	nichtausgehärteter Klebstoff: SONDERMÜLL ausgehärteter Klebstoff: normaler Müll
Schutzmaßahmen beim Kleben:	Schutzhandschuhe Schutzkleidung
Sicherheitsratschläge:	Berührungen mit den Augen und wiederholten Hautkontakt vermeiden.
ERSTE HILFE:	Bei Spritzern in den Augen mit viel Wasser spülen. Verschmutzte Haut mit viel Wasser und Seife gründlich waschen.
Zum Verkleben geeignete Werkstoffe:	Zum Befestigen von zylindrischen Teilen wie z.B. Wellen, Rotoren, Lagern, Zahnrädern, Bolzen etc. sowie zur Schraubensicherung.

28. Bostik M 890

Firma: Bostik

Basis Harz :	Acrylat
Basis Härter:	organische Schwefelverbindungen
Verarbeitungsmerkmale:	Klebstoff (Harz) auf eine der zu verklebenden Oberflächen Aktivator mit beiliegendem Pinsel auf die andere Oberfläche in dünner Schicht auftragen. Die beiden Teile werden sofort zusammengefügt.

Beseitigung:	ausgehärteter Klebstoff: normaler Müll nichtausgehärteter Klebstoff: SONDERMÜLL
Sicherheitsmaßnahmen:	Abzug dringend erforderlich!!! Geruch ! Schutzhandschuhe Schutzkleidung Schutzbrille
Bes. Gefahren:	Reizt Augen, Haut und die Atemwege
Erste Hilfe:	Bei Hautkontakt sollte der Klebstoff/Aktivator mit Wasser und Seife entfernt werden. Bei Augenkontakt Arzt rufen!!!

Zum Verkleben geeignete Werkstoffe:

- Metalle
- Kunststoffe
- Glas
- Holz

29. Delomet Flexon 241

Einkomponenten-Klebstoff

DELOMET FLEXON 241 Firma: Delo

Basis Harz:	Acrylester
Aktivator:	Butanal
Verarbeitungsmerkmale:	20 bis 30 min RT Aushärtezeit Kontaktdruck Nur auf eine der zu verklebenden Oberflächen wird der Aktivator möglichst sparsam aufgetragen, während die zweite Klebfläche mit dem Harz bestrichen wird. Die zu verklebenden Teile sind sofort nach der Auftragung von Harz und Aktivator in nassem Zustand zu fügen und für ca. 5 min zu fixieren.

---

bes. Gefahren:	Harz	leicht entzündlich; gesundheitsschädlich beim Einatmen, Verschlucken oder Berühren mit der Haut. Gefahrenklasse II/c ABZUG dringend erforderlich!

Zum Verkleben geeignete Werkstoffe:

- Metalle
- fast alle Kunststoffe
- Glas
- Holz
- Gewebe
- Steingut

6 Sicherheitsratschläge

<u>In Kleblaboratorien oft angewendete Chemikalien und Stoffe und deren Gefahren</u>:

6.1 Phenol

<u>Gefahrenklasse A1</u>

Phenole zeichnen sich durch einen durchdringenden Geruch und scharf brennenden Geschmack aus. Weiterhin sind sie nur mäßig löslich in Wasser, aber sehr gut in Alkohol, Ether, Benzol, Chloroform sowie in Alkali, schwerlöslich in aliphatischen Kohlenwasserstoffen.

Phenol ist ein starkes Zellgift. Auf der Haut wirkt es ätzend und wird leicht resorbiert.

Einnahme oder Einatmen der Dämpfe führen zu Atemlähmung, Delirien und schließlich zu Herzstillstand, bei chronischen Vergiftungen zu Nierenschäden.

Sind nur kleine Hautstellen verätzt, wird das Phenol schnell mit Alkohol abgerieben; bei der Verätzung größerer Hautflächen wird mit Wasser abgebraust. In diesen Fällen muß vor der Verwendung von Alkohol dringend gewarnt werden, da dieser die Resorption des Phenols durch die Haut fördert. Warmes, ggf. flüssiges Phenol ist besonders gefährlich.

6.2 Benzol

Gefahrenklasse A1

Benzol ist eine farblose, stark lichtbrechende, wenig wasserlösliche Flüssigkeit mit aromatischem Geruch.

Es ist brennbar und leicht entzündlich. Benzol brennt außerordentlich stark rußend.

Die Dämpfe sind schwerer als Luft und bilden explosionsfähige Gemische.

Siedepunkt: 80,1 °C

Flammpunkt: -11 °C

Benzol ist beim Menschen krebserzeugend !!!!!!

Es wird durch die Atemwege aufgenommen. Die Aufnahme durch die Haut ist gering. Benzol in flüssiger Form wirkt auf Haut und Schleimhäute.

Benzol kann in der Regel durch Toluol und Xylol ersetzt werden.

6.3 2 K-Epoxidharze

Die wichtigsten Schutzmaßnahmen im Umgang mit 2K-Epoxidharzen (Stichwortartig)

1. Be- und Entlüftung der Arbeitsräume, Absaugen der an den Arbeitsstellen entstehenden Dämpfe ---> ABZUG
2. Geeignete Arbeitsunterlage verwenden ---> PAPIER oder KUNSTSTOFF
3. Eventuell Tragen von Atemschutzmasken

4. Tragen von SCHUTZBRILLEN - bei Spritzern in die Augen zunächst mind. 15 min Augenspülung mit Wasser, danach unbedingt den Arzt aufsuchen!!!

5. Tragen von SCHUTZKLEIDUNG - mit Produkten benetzte Kleidung ist sofort zu wechseln!!!

6. Tragen von SCHUTZHANDSCHUHEN verunreinigte Hautstellen mit lauwarmen Wasser und alkalifreier Seife waschen!!!

7. Rauchverbot in den Arbeitsräumen!!!
8. Während der Klebarbeit keine Speisen und Getränke zu sich nehmen!!!
9. Keine Lösemittel zur Hände- und Hautreinigung verwenden!!!
10. Häufig Hände waschen!!!
11. Einreiben der Hände mit einer geeigneten Schutzsalbe!!!
12. Beim Umfüllen von Klebstoffen und Lösemittelgemischen sind die Sicherheits- und Kennzeichnungsvorschriften zu beachten!!!
13. Vorratsgebinde sind stets verschlossen zu halten!!!
14. Die Lagerung leerer Gebinde kann gefährlich sein (Gasentwicklung)!!!
15. Nichtausgehärteter Klebstoff ist SONDERMÜLL!!!
    Ausgehärteter Klebstoff ist normaler Müll.
16. Keine Klebstoffansätze über 50 g verwenden!!!

Sicherheitsmaßnahmen und Gesundheitsschutz im Umgang mit 2K-Epoxidharzen

Lösemittel, lösemittelhaltige und z.T. auch lösemittelfreie Klebstoffe, Verdünnungsmittel und Entfettungsmittel gehören zu den "gefährlichen Arbeitsstoffen", bei deren Verarbeitung in größeren Mengen Gesundheits-, Brand- und Explosionsgefahr besteht.

Aber auch lösemittelfreie Arbeitsstoffe, z.B. manche Epoxidharz/Härter-Systeme sind gefährliche Arbeitsstoffe, da sie bei unsachgemäßer Anwendung Hautschädigungen hervorrufen können.

Allergiker sollten nicht mit Epoxidharzen und Härtern arbeiten.

Die Arbeitshygiene erfordert, auch bei Benutzung von Handschuhen, öfter die Hände zu waschen.

Harzreste an den Händen und Fingernägeln sind mit lauwarmen Wasser und alkalifreier Seife (oder mit speziellen Reinigungsmitteln) zu entfernen.

Nie Benzol, Toluol oder Tri zur Hautreinigung verwenden!!!!!

Für Reinigungsarbeiten (Säubern von Spatel und Unterlage) benutzte Lösemittel sind generell zu verwerfen.

Mehrfach gebrauchte Lösemittel sind ein Sicherheitsrisiko.

Putzlappen sind nur einmal zu verwenden.

Das regelmäßige Auftragen von Hautzschutzsalbe hat konservierende Wirkung und erleichtert die Reinigung der Haut.

Härter enthalten oft Amine. Hierfür gilt, daß Schwangere damit nicht arbeiten dürfen.

6.4 Cyanacrylate

Sicherheitsmaßnahmen und Gesundheitsschutz im Umgang mit

Cyanacrylatklebstoffen

Beispiel SICOMET (Firma: Sichel)

Da Sicomet auch auf der Haut haftet, ist ein Benetzen der Hände mit Klebstoff möglichst zu vermeiden. Sollten einmal Hautverklebungen vorkommen, sind diese unter keinen Umständen mit Gewalt zu lösen. Die Klebung ist längere Zeit im warmen Seifenwasser zu halten und dann langsam zu lösen. Hände sind mit Seifenwasser, Handwaschpasten und Bimsstein zu reinigen und mit einer guten Hautcreme einzufetten.

Wenn beim Arbeiten mit Sicomet Spritzer ins Auge gelangen, werden diese durch die Tränenflüssigkeit sofort ausgehärtet. Bei dieser Polymerisationsreaktion wird Wärme frei, die die Hornhaut des Auges leicht angreift. Dadurch tritt in den ersten Minuten ein kurzer brennender Schmerz auf. Das Auge muß sofort mit geeigneter Augenspülflüssigkeit ausgespült werden.

Danach ist in jedem Falle ein Augenarzt aufzusuchen!!

Darüberhinaus sind Cyanacrylate physiologisch weitgehend unbedenklich.

6.5 Polyesterharze

Sicherheitsmaßnahmen und Gesundheitsschutz im Umgang mit Polyesterharzen

Die physiologische Wirkung des im Harz enthaltenen Styrols entspricht etwa derjenigen anderer aromatischer Kohlenwasserstoffe. Die Dämpfe wirken jedoch weniger toxisch als die von Benzol. Vor dem Einatmen wird gewarnt, da deutliche Reizwirkungen der Schleimhäute auftreten können. Die peroxidischen Härter besitzen keine stark ausgeprägte Giftigkeit, führen aber bei Kontakt zu Verätzungen von Augen und Schleimhäuten. Es wird daher dringend empfohlen, eine Schutzbrille zu tragen. Sollte dennoch Peroxidspritzer ins Auge gelangen, so ist sofort mind. 15 Minuten lang mit Wasser zu spülen. Auf jeden Fall ist unverzüglich ein Augenarzt aufzusuchen!!!

Harz und Härter können bei besonders empfindlichen Personen Hautreizungen verursachen, vor allem bei längeren Kontakt und zusätzlichen Verwenden von Lösemitteln. Das Harz und die Styroldämpfe sind leicht, die Härter schwer entflammbar!!!

Bei der Verarbeitung ist grundsätzlich zu beachten:

1. Direkte Berührung des Harz/Härter-Gemisches oder einzelner Komponenten mit der Haut ist zu vermeiden. Arbeitsräume müssen gut belüftet sein.
2. Die Haut ist durch eine wasserunlösliche Hautcreme zu schützen.
3. Bei den Klebarbeiten sind Schutzhandschuhe zu tragen!!!
4. Die Vorratsbehälter sind kühl und verschlossen aufzubewahren und nach Materialentnahme sofort wieder zu verschließen!
5. Die gefertigten Teile sind in abgetrennten Räumen bis zur Aushärtung zu lagern (oder Abzug)!!!
6. Offene Flammen, Funkenbildung u.ä. sind bei der Verarbeitung unbedingt zu vermeiden (Gefahrensklasse A1)!!!
7. Zum Waschen der Hände wird lauwarmes Wasser und Seife empfohlen. Keine Lösemittel verwenden!!!

6.6 Mehtylmetacrylat/Styrol (Klebstoff Agomet, Firma: Degussa)

Hinweise zum Arbeitsschutz beim Umgang mit Agomet-Klebstoffen

Basis Harz: Methylmethacrylat und Styrol
Agomet-Klebstoffe gehören zur Gefahrenklasse A1
Bei der Verarbeitung sind folgende Punkte zu beachten:

1. Die Gebinde für Harz und Härter sind nach jeder Entnahme zu verschließen.

2. Die Produkte sind mit Ausnahme von Agomet R (Gefahrenklasse A2) leicht entzündlich und gehören zur Gefahrenklasse A1. Bei der Verarbeitung in geschlossenen Räumen sind Funkenbildung und offene Flammen sowie der Betrieb von Heizungen mit offener Wärmequelle (Gas-, Elektrostrahler etc.) unbedingt zu vermeiden.

3. Die Harze enthalten als flüchtige Anteile Methylmethacrylat und/oder Styrol, die sich durch ihren charakteristischen Eigengeruch bemerkbar machen. Die Dämpfe sind schwerer als Luft. Die Arbeitsräume müssen gut und zugfrei belüftet werden. Bei der Verarbeitung großer Mengen wird eine direkte Absaugung am Arbeitsplatz empfohlen.

4. Bei dem Umgang mit den Harzen ist auf einen wirksamen Hautschutz zu achten. Direkter Hautkontakt sollte möglichst vermieden werden. Verschmutzte Hautpartien sind sofort mit Wasser und Seife gründlich zu säubern. Sind Augen oder Schleimhäute mit Harz in Berührung gekommen, muß intensiv mit Wasser gespült und ein Arzt zu Rate gezogen werden.

5. Die zur Verarbeitung der Harze benötigten Härter enthalten Benzoylperoxid. Auch bei deren Handhabung ist ein Kontakt mit Haut und Schleimhaut und ganz besonders mit den Augen zu vermeiden.

Berührungen mit Haut : Wasser und Seife
Berührungen mit Augen: mind. 15 Minuten mit Wasser spülen dann sofort zum Arzt !!!

7 Kunststoffkleben

7.1 Vergleich zum Metallkleben

In der Kunststoffverarbeitung ist das Kleben ebenfalls weit verbreitet und hat dort als Fügetechnik neben dem Schweißen die größte Bedeutung. Sowohl als stoffschlüssiges als auch als potentiell großflächiges Fügeverfahren steht es konkurrenzlos da, was ebenfalls zu einem verbreiteten Anwenden entscheidend beigetragen hat. Im Prinzip lassen sich sämtliche Kunststoffarten sowohl mit sich selbst als auch mit anderen Werkstoffen klebtechnisch verbinden, wogegen das Kunststoffschweißen auf schmelzbare und zumeist gleichartige Kunststoffe beschränkt ist. Die optische Überlegenheit des Klebens transparenter Kunststoffe liegt auf der Hand.

Im Gegensatz zu den meisten anderen Werkstoffgruppen (z.B. Metalle, Hölzer, Gläser und andere Silikate, zementgebundene Werkstoffe), die innerhalb der jeweiligen Gruppen zumeist mit den gleichen Klebstofftypen und unter vergleichbaren Bedingungen verklebt werden können, weisen Kunststoffe ein hochgradig differenziertes klebtechnisches Verhalten auf. Die Ursachen dafür werden im folgenden beschrieben.

Die Kunststoffarten setzen sich aus verschiedenen chemischen Grundbausteinen zusammen. Daher weisen diese Werkstoffe hinsichtlich ihrer Oberflächen und ebenfalls bzgl. anderer Eigenschaften recht unterschiedliche physikalisch-chemische Merkmale auf. Dieses betrifft zunächst das Benetzungsverhalten dieser Werkstoffe mit Klebstoffen, das in der Regel immer schlechter ist als bei anderen Werkstoffen. Ferner ist auch die Fügeteilfestigkeit des Kunststoffs immer geringer als die der Metalle, gewöhnlich um eine Zehnerpotenz. Dadurch werden in einer schubbelasteten Klebung dem Klebstoff zusätzliche Verformungen aufgezwungen, die dieser auszugleichen hat. Aus diesem Grund müssen Klebstoffe für Kunststoffe besonders verformungsfähig sein.

Die thermische Beständigkeit der Kunststoffe ist ebenfalls geringer als die der Metalle. Daher müssen die Klebstoffe auch diesen Gegebenheiten verarbeitungstechnisch angepaßt sein. Anders ausgedrückt: Die Aushärtungstemperatur darf den Kunststoff nicht in seinen mechanischen Eigenschaften nach dem Aushärteprozeß beeinflussen.

Bei den Metallklebungen wurde darauf hingewiesen, daß der Werkstoff in seiner flüssigen Form höchsten in die dünnen Oxidschichten, nicht aber in das Metall selbst eindiffundieren kann. Gänzlich anders können sich Kunststoffe diesbezüglich verhalten. Der Grund liegt darin, daß die prinzipiellen Aufbaustrukturen von Kunststoffen sich erheblich von denen der Metalle unterscheiden. So kann eine Reihe von Kunststoffen gelöst oder angequollen werden, ein Vorgang der sowohl mit Lösemittel als auch mit Klebstoffmonomeren grundsätzlich möglich ist. Diesen Effekt macht man sich für Kunststoffklebungen sehr wohl zunutze. Eine Voraussetzung dafür ist jedoch, daß es sich um linear (fadenförmig) aufgebaute, also nicht oder kaum vernetzte Kunststoffe (Thermoplaste, Elastomere) handelt.

Es besteht nun die Möglichkeit, daß sich die Haftung zwischen Kunststoffügeteil und Klebstoff aus unterschiedlichen Gründen ergibt. Bei den löslichen bzw. quellbaren Thermoplasten tragen sicherlich die Folgen der Wechselwirkungen durch die Diffusion dazu bei. Bei den nicht löslichen, vernetzten Kunststoffen, den Duroplasten, bestehen die adhäsiven Kräfte in chemischen und physikalischen Wechselwirkungen, die häufig erst durch Oberflächenvorbehandlungen ermöglicht werden. Daher unterscheidet man zwischen Adhäsions- und Diffusionsklebungen.

7.2 Kunstoffklebungen

7.2.1 Diffusionsklebung

Es wurde bereits darauf hingewiesen, daß Kunst- und Klebstoffe chemisch verhältnismäßig ähnlich aufgebaut sind; eine Tatsache, die für Kunststoffklebungen ausgenützt wird. Bei den löslichen bzw. quellbaren Thermoplasten dringen Lösemittelmoleküle des Klebstoffs in die Oberflächenschichten des Werkstoffs ein und bewirken dort eine ähnliche, molekulare Beweglichkeit der Werkstoff-Fadenmoleküle wie sie die gelösten Klebstoffmoleküle bereits besitzen. Dadurch kommt es in diesem Bereich zu einer Vermischung der Kunststoffmoleküle mit denen des Klebstoffs. Es wird hier also bewußt eine partielle Veränderung des Fügeteilwerkstoffs in Kauf genommen. Verfestigt sich nun der Lösemittelklebstoff, d.h. es entweicht das Lösemittel, ist eine Verzahnung (Verklammerung) des Fügeteils mit dem nun festen Klebstoff erreicht. Damit ist klebtechnisch ein schweißähnlicher Verbund entstanden. Der Abbindevorgang geschieht durch Verdunstung oder Diffusion des Lösemittels aus der Klebfuge. In Abhängigkeit von Fügeteilwerkstoff und -dicke kann dieser Vorgang Tage oder Wochen dauern. Erst dann hat die Klebung ihre Endfestigkeit erreicht. Verbliebene Reste des Lösemittels können die Festigkeit der Klebung negativ beeinflussen. Dies gilt besonders für das Verkleben von Polystyrol, Polymethacrylat und Polycarbonat. Als Lösemittel können selbstverständlich auch Klebstoffmonomere oder Weichmacherzusätze dienen. Die Art des Abbindevorganges bleibt eigentlich gleich. Bei lösemittelhaltigen Reaktionsklebstoffen ist das Entweichen des Lösemittels zusätzlich von chemischen Aushärtungsreaktionen des Klebstoffs begleitet.

Das bewußte Hinnehmen der Fügeteilveränderungen kann zweifelsohne zu Veränderungen der mechanischen Eigenschaften wie beispielsweise Spannungsrißbildungen führen, die durch ungewollte Eigenspannungen bzw. Mikrorisse im Fügeteil entstehen können. Effekte dieser Art, die letztendlich Delaminationen begünstigen, entstehen häufig bei Verwendung schnell verdunstender Lösemittel. Daher werden zweckmäßigerweise Lösemittel unterschiedlicher Verdampfungsgeschwindigkeit verwendet, um entsprechendes Gefährden der Klebung zu minimieren.

7.2.2 Adhäsionsklebung

Bei Kunststoffen, die, im Gegensatz zu den in Abschn. 7.2.1 angesprochenen, nicht löslich oder quellbar sind, basieren die Haftkräfte ausschließlich auf physikalischen und/oder chemischen Wechselwirkungen. Weder Lösemittel- oder Klebstoffmoleküle dringen in den Fügeteilwerkstoff ein. Um diese adhäsiven Wechselwirkungen zu ermöglichen, muß die Kunststoffoberfläche vorbehandelt werden. Diese Vorbehandlungen, die in Abschn. 7.4 beschrieben werden, fördern ebenfalls das Benetzungsverhalten, welches bei Kunststoffen häufig zu wünschen übrig läßt.

Aufgrund der Tatsache, daß weder Lösemittel noch Klebstoffbestandteile mit den Fügeteilbestandteilen in der Weise in Wechselwirkung treten, daß molekulare Fügeteilstrukturen verändert werden, tritt bei Adhäsionsklebungen auch keine Spannungsrißbildung auf.

Werden andere Werkstoffarten mit Kunststoffen verklebt, ist eine Adhäsionsklebung stets erforderlich.

7.3 Einteilung der Kunststoffe nach Klebbarkeit

7.3.1 Grundsätzliches

Wie schon bemerkt wurde, hängt die Klebbarkeit von Kunststoffen sehr von ihrer Benetzungsfähigkeit ab. Die Problematik ist bei Metallen weniger ausgeprägt: Sie lassen sich grundsätzlich besser benetzen. Aber gerade diese Grundvoraussetzung, die möglichst vollständige Benetzung der Klebstelle, ist bei einer Reihe von Kunststoffen nicht gegeben. Bei löslichen Klebstoffen umgeht man diese Schwierigkeit, indem man den Klebstoff mit für den Kunststoff angepaßten Lösemitteln versetzt. Ist ein Lösen oder Anquellen nicht möglich, muß vor dem Klebstoffauftrag die Kunststoffoberfläche vorbehandelt werden, um so eine "haftfreudige" Klebfläche zu schaffen. Ob und wie die Kunststoffe vorzubehandeln und wie zu verkleben sind, ist in Abschn. 7.4.5 tabellarisch aufgeführt.

7.3.2 Leicht klebbare Kunststoffe

Geringe Schwierigkeiten beim Kleben mit sich und anderen Werkstoffen bereiten Polyvinylchlorid hart ohne Weichmacher, Polystyrole, Polyacrylate, Polycarbonate, Polyurethane sowie Polyester und Epoxidharze ohne oder mit Faserverstärkungen und Phenolharze.

7.3.3 Bedingt klebbare Kunststoffe

PVC mit höherem Weichmachergehalt bereitet beim Kleben größere Schwierigkeiten als PVC-hart. Als Vorbehandlung ist zwar, wie bei diesem, Abwaschen mit organischen Lösemitteln ausreichend. Weichgemachtes PVC kennzeichnet jedoch ein ausgeprägtes Schrumpf- und Quellvermögen beim Fügen mit Lösemittelklebstoffen; dadurch können unerwünschte Form- und Maßänderungen der Fügeteile auftreten.

Neben Wanderung von Bestandteilen des Klebstoffs in den Grundwerkstoff diffundieren umgekehrt auch Weichmacher aus diesem in die Klebschicht. Das kann nach Tagen oder Monaten zu einer Güteminderung oder sogar Zerstörung der zunächst einwandfreien Klebung führen.

Mit ähnlichen Schwierigkeiten wie bei PVC-weich ist beim Kleben von synthetischen Kautschuken zu rechnen. Die einzelnen Kautschuksorten besitzen sehr unterschiedliche Oberflächen; so kann eine Sorte Zinkstearat ausreichen, das Kleben unmöglich zu machen, während ein gleichartiger Kautschuk anderer Herkunft diese Erscheinungen nicht zeigt.

Polyamid mit sich selbst läßt sich nur unter Verwendung von Ameisensäure kleben. Die Klebstellen verfärben sich jedoch durch Temperatureinwirkung.

Bei Polyamid reicht einfaches Reinigen der Oberfläche für gute Haftung der Klebstoffe nicht aus, die zu verbindenden Flächen müssen zur Aktivierung aufgerauht werden (s. Abschn. 7.4.5).

7.3.4 Schwer klebbare Kunststoffe

Wesentlich umfangreichere Oberflächenvorbehandlung erfordern Polyolefine, Polyfluorolefine, Polyacetate und Silikonharze. Sie können im nichtvorbehandelten Zustand praktisch nicht verklebt werden.

Polyolefine wie Polyethylen, Polypropylen und Polybutylen lassen sich mit Chromschwefelsäure vorbehandeln, die auch in thixotroper Form als Beizpaste zur Verfügung steht, so daß örtlich begrenzt, beispielsweise bei der Montage, vorbehandelt werden kann. Bei Polypropylen ist zu beachten, daß es in Gegenwart von Chromsäure zu Spannungsrißbildungen neigt.

Generell ist aber das Vorbehandeln mit Chromschwefelsäure unter umwelttechnischen Gesichtspunkten zu verwerfen. Alternative Vorbehandlungsverfahren sind das Gasbeflammen, die Corona- und Plasmabehandlung, die sich sehr gut bewährt haben.

7.3.5 Zusammenfassung

Für Thermoplaste lassen sich zusammenfassend Gesetzmäßigkeiten ableiten, in deren Mittelpunkt neben der Löslichkeit des Kunststoffs seine Polarität steht. So ist ein Kunststoff als mehr oder weniger polar zu betrachten, wenn das Polymer Bereiche mit einer teilweise positiven und negativen Struktur aufweist. Derartige Polaritäten entstehen durch Chlor-, Sauerstoff- und Stickstoffatome.

Die Gesetzmäßigkeiten sind:

- Ein Kunststoff, der völlig unpolar und unlöslich ist, ist ohne Vorbehandlung nicht klebbar.

- Ein Kunststoff, der völlig oder ziemlich unpolar, aber partiell löslich ist, ist ohne Vorbehandlung schwierig oder schlecht klebbar.

- Ein Kunststoff, der unpolar, aber löslich ist, ist gut klebbar.

- Ein Kunststoff, der polar und unlöslich ist, ist ohne Vorbehandlung nicht klebbar.

- Ein Kunststoff, der polar und schwer löslich ist, ist schwierig klebbar.

- Ein Kunststoff, der polar, aber löslich ist, ist gut klebbar.

Für Duromere lassen sich solche Beziehungen nicht übersichtlich ableiten, doch kann man als Faustregel sagen, daß sie sich, wenn polar entweder bereits von Haus aus, wenn nicht, dann nach spezifischem Vorbehandeln, gut kleben lassen.

Viele der nach diesen Ableitungen als schwer bzw. nicht klebbar bezeichneten Kunststoffe lassen sich dennoch kleben, wenn man sie einer spezifischen Vorbehandlung unterwirft. Derartige Verfahren, die mechanischer, physikalischer und chemischer Natur sein können und die sich meist aus einer Vielzahl von Einzelwirkungen (Reinigung, Entfettung, Anlösung bzw. -quellung, Desorption, Aktivierung, Oxidation, Radikalisierung, Strukturverzerrung u.a.m.) zusammensetzen, können bisweilen sehr aufwendig sein.

7.4 Oberflächenvorbehandlungsverfahren für Kunststoffe

Um die Klebeigenschaften der Kunststoffe zu verbessern, besteht die Möglichkeit der Veränderung der Oberflächeneigenschaften durch mechanische, chemische und physikalische Methoden. Durch die mechanischen Verfahren werden haftungshemmende Grenzschichten (z.B. Trennmittel oder sonstige Ablagerungen an der Oberfläche) entfernt sowie die Größe der wirksamen Oberfläche erhöht. Die chemischen und physikalischen Methoden dienen der Bildung bzw. Anreicherung polarer Gruppen an der Oberfläche als Voraussetzung für die Ausbildung zwischenmolekularer Kräfte. Solche funktionellen Gruppen, insbesondere Hydroxyl- (-OH), Carboxyl- (-COOH) und Keto- bzw. Carbonyl- ($R_2C{=}O$) Gruppen erzeugen starke physikalische Bindungskräfte und verbessern gleichzeitig die Benetzungseigenschaften.

Einige Oberflächenvorbehandlungsverfahren sollen hier kurz erläutert werden.

7.4.1 Reinigen der Oberfläche

Zum Reinigen eignen sich waschaktive Produkte, Spezialreiniger und organische Lösemittel, deren Auswahl im speziellen Fall aus den technischen Merkblättern der Klebstoffhersteller zu entnehmen ist.

Bei den Thermoplasten ist besonders darauf zu achten, daß kein Anlösen der Oberfläche durch das Reinigungsmittel erfolgt, da es bereits dadurch in dieser Phase Schädigungen der Oberfläche (z.B. Versprödung, Spannungsrisse, Unterschiede in der Weichmacherkonzentration) kommen kann. Allgemein kann festgestellt werden, daß sich die auf wäßriger Basis aufgebauten alkalischen Reinigungsmittel den Kunststoffoberflächen gegenüber neutral verhalten und es nicht zu Anlösungen bzw. Anquellungen kommt.

Der Reinigungsvorgang selbst kann durch Abwischen der Oberfläche mittels lösemittelgetränkten Lappen oder saugfähiger Papiere, durch Tauchen oder durch Dampfentfettung erfolgen.

Schlechtes Lösungsvermögen besitzen folgende (unpolare) Lösemittel: z.B. gesättigte Kohlenwasserstoffe wie die niedrigsiedenden Benzine und Petrolether, während die halogenierten Kohlenwasserstoffe (z.B. Tri- und Perchlorethylen), Alkohole, Ester, Ketone in vielen Fällen gute Löseeigenschaften besitzen. Aufgrund der gesundheitsschädigenden und umweltbelasteten Wirkung halogenierter Kohlenwasserstoffe ist von deren Verwendung abzusehen.

7.4.2 Aufrauhen der Oberfläche

Neben dem mechanischen Entfernen der adhäsionshemmenden Grenzschichten wird durch das gleichzeitige Aufrauhen der Oberfläche sowohl eine Oberflächenvergrößerung als auch eine Oberflächenaktivierung erreicht. Als Verfahren zum Aufrauhen der Oberfläche kann Schmirgeln oder - bei verformungsstabilen Fügeteilen - Strahlen mit Hartgußkies bzw. Korund eingesetzt werden. Der Schleifstaub muß allerdings restlos entfernt werden. Hierbei muß, im Gegensatz zu Stahl, direkt im Anschluß dieser Vorbehandlung geklebt werden.

Besonders geeignet für diese Oberflächenaufrauhung sind z.B. hochvernetzende Duromere, die höhermolekularen Polyamide und die faserverstärkten Kunststoffe.

7.4.3 Chemische Oberflächenvorbehandlungsverfahren

Ein großer Teil der Kunststoffe läßt sich nur nach einer chemischen Oberflächenvorbehandlung kleben, die zumeist von Oberflächenangriffen stark oxidierender Säuren herrührt. Dieses Vorbehandeln der Kunststoffe ist allerdings aufgrund der Zusammensetzung der Beizflüssigkeiten (z.B. Chromschwefelsäure) aus umwelttechnischen Gesichtspunkten auf Dauer nicht mehr oder nur bedingt einsetzbar (Schadstoffbeseitigung). Alternative chemische Vorbehandlungsverfahren für Kunststoffe werden zur Zeit in Laborversuchen erprobt.

7.4.4 Physikalische Oberflächenvorbehandlungsverfahren

Die physikalische Oberflächenvorbehandlung läßt sich in elektrische und thermische Verfahren unterscheiden. Von den elektrischen Verfahren findet die Corona-Entladung für die Vorbehandlung unpolarer Oberflächen vielfältige Anwendung. Nach diesem Verfahren werden nieder-, mittel- oder hochfrequente Ströme im Bereich von 6 bis 100 kHz und 5 bis 60 kV zwischen einer Elektrode und der Kunststoffoberfläche entladen. Das Ergebnis ist eine Oxidation der Oberfläche.

Die durch die Corona-Entladung vorbehandelte Oberfläche ist nur eine begrenzte Zeit reaktiv (Reaktion mit der Umgebung), es muß daher empfohlen werden, diese Vorbehandlung direkt vor dem Kleben vorzunehmen (Bild 7.1).

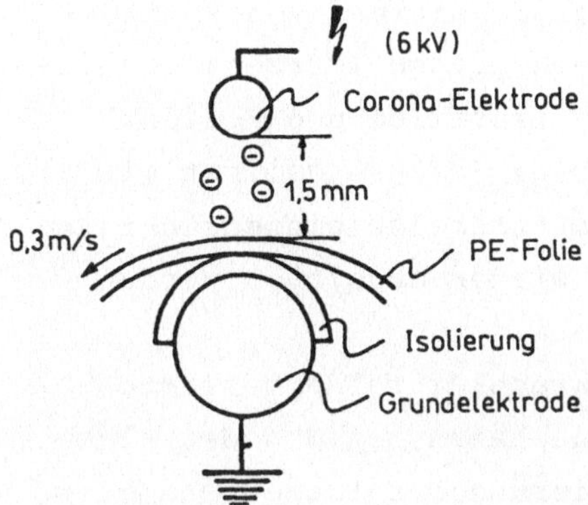

Bild 7.1: Schema der Corona-Vorbehandlung

Zu den thermischen Vorbehandlungsverfahren gehört die Oberflächenvorbehandlung durch eine im Sauerstoffüberschuß brennende Gasflamme (Kreidl-Verfahren, "Beflammen"). Durch die hohe Temperatur (kurzzeitig an der Grenzschicht 300 bis 400 °C) wird die Oberfläche bei gleichzeitiger Anwesenheit von Sauerstoff oxidiert.

Beim Plasmaprozeß (Bild 7.2) sind ebenfalls Ionen an der Umwandlung der Oberfläche beteiligt, doch die Gasart ist beliebig wählbar.

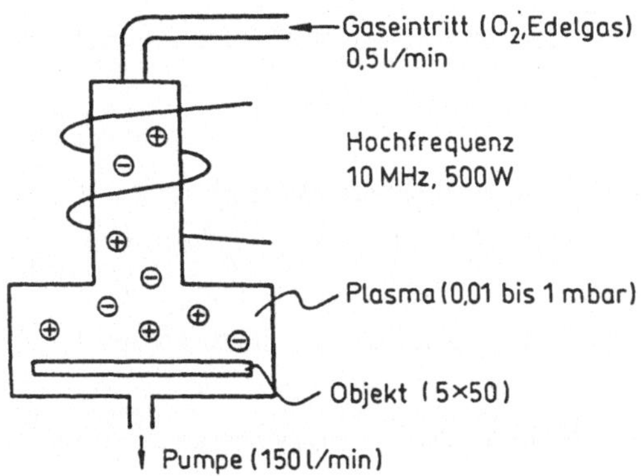

Bild 7.2: Schema des Plasmaprozesses

Ein Verfahren, das universelle Eigenarten der Thermoplaste ausnutzt, die adhäsiven Eigenschaften des Thermoplasten an der Oberfläche zu verändern, ist das sog. Skelettieren. Das Verfahren nutzt die Eigenart der Thermoplaste, bei Einwirkung von Spannungen auf den Kunststoff stabilisierte Gewaltrisse (Crazes) zu bilden, deren Trennfläche von verstreckten Fibrillen und Folien überbrückt werden. Die Umsetzung auf ebene Flächen gelingt mit Hilfe von Matrizen, die in die Kunststoffschmelze eingedrückt und unter bestimmten Temperaturbedingungen wieder abgezogen werden.

Beim Skelettieren entstehen Fasern senkrecht zur Thermoplastoberfläche, die einen kapillaraktiven Aufbau haben, in den der Klebstoff beim Kleben eindringt. Die Optimierung der Prozeßparameter dieses Zieh-Reck-Vorgangs ist durch eine Matrize, der Temperaturführung und der Zeitführung möglich, denn der kapillaraktive Aufbau der bei der Skelettierung entstandenen Fasern und ihre Festigkeit beeinflussen entscheidend die Klebverbundfestigkeit, die mit diesen Oberflächen erreicht werden kann.

Die Klebfestigkeiten, wie z.B. mit skelettierten Polypropylen-Oberflächen erreicht werden, sind bei PP vergleichbar mit der Oberflächenvorbehandlung mit Chromschwefelsäure. Das Alterungsverhalten ist aber deutlich besser, da zusätzlich formschlüssige Verkrallungen des Klebstoffs in der kapillaraktiven Oberfläche ein Versagen der Grenzschicht durch Nachlassen der Adhäsion bei Alterung verhindert.

Dieses neue Oberflächenvorbehandlungsverfahren kann bei allen Thermoplasten angewendet werden, die in der Lage sind Fäden zu bilden.

Durch chemische oder physikalische Oberflächenvorbehandlung ist es heute möglich, auch die bisher als nicht klebbar geltenden Kunststoffe durch Kleben zu verbinden. Das ist vor allem für die die Polyolefine von Bedeutung, da sie das Polyvinylchlorid auf dem Weltmarkt immer mehr verdrängen. Auch die chemisch sehr beständigen Polyfluorolefine, die formbeständigen Polyacetate und die thermisch widerstandsfähigen Silikone erschließen sich durch ihre Klebbarkeit größere Anwendungsgebiete. Eine Zusammenstellung der Kunststoffe und deren Oberflächenvorbehandlungen ist in Abschn. 7.4.5 gegeben.

7.4.5 Kunststoffe: ihre Klebstoffe und Oberflächenvorbehandlungsverfahren

ABS-Kunststoffe (Acrylnitril-Butadien-Styrol-Copolymerisate)
SB -Kunststoffe (Styrol-Butadien-Styrol-Copolymerisate)
SAN-Kunststoffe (Styrol-Acrylnitril-Mischpolymerisate)

Alle gut klebbar.

Adhäsionsklebung: möglich mit lösemittelfreien Klebstoffen (z.B. Epoxidharze)

Diffusionsklebung: sehr gut möglich mit reinen oder polymerhaltigen Lösemittelgemischen oder mit THF (Tetrahydrofuran)-Klebstoffen. Bei diesen Klebungen Spannungsrißbildung, besonders bei extrem geformten Bauteilen, möglich.

Oberflächenvorbehandlung: nur bei Adhäsionsklebungen notwendig. In der Reihenfolge: schmirgeln, entfetten, beizen, spülen mit dest. Wasser, 5 min trocknen.

Klebstoffe: Adhäsionsklebung: Epoxidharze, kalthärtend, lösemittelfrei
Diffusionsklebung: MEK (Metyhlethylketon), Nitrilkautschuk-Lösungen, DID-Klebstoffe

Bemerkungen: Durch Lösemittel in Klebstoffen meist kombinierte Adhäsions-Diffusionsklebung. Verkleben auch ohne Beizen möglich, jedoch geringere Festigkeiten.

Celluloseester: CA -Kunststoffe (Celluloseacetat)
CP -Kunststoffe (Cellulosepropionat)
CAB-Kunststoffe (Celluloseacetobutyrat)
CN -Kunststoffe (Cellulosenitril)

Adhäsionsklebung: bei allen möglich mit lösemittelfreien Epoxidharz(Ep)-Klebstoffen oder mit Polyurethan-(PU)-Klebstoffen mit geringem Lösemittelanteil

Diffusionsklebung: nur möglich bei Fügeteilpartnern aus CA oder CN und aus CP oder CAB.

Oberflächenvorbehandlung: nur bei Adhäsionsklebung notwendig: aufrauhen, säubern mit ölfreier Preßluft

Klebstoffe: CN-, CA-, CAB- oder CP-Lösungen in Aceton, Alkyl-a-Cyanacrylate, Polychlorbutadien-(PCB-Klebstoffe), Nitrilkautschuk-Lösungen, Isocyanatmodifiertes Polyester/Polyisocyanat (DID-Klebstoffe)

Bemerkungen: Bei Diffusionsklebungen werden Celluloseester-Lösung mit unterschiedlicher Lösemittelzusammensetzung verwendet. Der Klebstoff darf nicht zu reichlich aufgetragen werden, da sonst die zu klebenden Fügeteile zu stark angelöst oder deformiert werden. Prinzipiell, bes. bei komplizierten Bauteilen droht Spannungsrißkorrosion.

Amino- und Phenoplaste

Adhäsionsklebung: gut möglich mit Reaktionsklebstoffen

Diffusionsklebung: nicht möglich

Oberflächenvorbehandlung: sehr gründliches Entfetten mit Aceton, dann Sandstrahlen oder schmirgeln, anschließend säubern mit ölfreier Preßluft

Klebstoffe: 2-Komponenten-Epoxidharz, Epoxid/Phenolharz-Klebstoffgemisch, Nitrilkautschuk/Phenolharzgemisch, Polyvinylacetal-(PVAC)-Klebstoff

Bemerkungen: Dekor-Schichtstoff-Kantenklebungen werden mit Melamin-, Harnstoff- und PVAC-Leimen oder Schmelzklebstoffen durchgeführt.

Epoxidharz-Kunststoffe (Ep-Kunststoffe)

Adhäsionsklebung: einzige Klebmöglichkeit

Diffusionsklebung: nicht möglich

Oberflächenvorbehandlung: Mechanisches Aufrauhen, d.h. entfetten, sandstrahlen oder schmirgeln, dann säubern mit ölfreier Preßluft.

Klebstoffe: Epoxidharz-Klebstoffe (kalt- und warmhärtend), Vinyl-Phenolharz-Klebstoffe (als Lösemittelklebstoffe oder Klebfolien), Acrylnitrilkautschuk-Phenolharz-Klebstoffe (als Lösemittelklebstoffe oder Klebfolien), Ungesättigte Polyester-(UP)-Klebstoffe) mit Härter, Polyurethan-(PUR)-Klebstoffe (vorwiegend lösemittelfreie 2K-Systeme auf der Basis von Polyestern oder Polyethern mit Isocyanat-Härtern), Polyacrylat-Klebstoffe (spezielle Polymethacrylsäureester mit Peroxid-Härtern), Cyanacrylat-Klebstoff.

Polyamid Kunststoffe (PA): PA 6
PA 6.6
PA 11
PA 12

Adhäsionsklebung, Diffusionsklebung möglich

Oberflächenvorbehandlung: Adhäsionsklebung: Mechanisches Aufrauhen, Gas-Beflammung, 3 min Beizen bei RT in Chromschwefelsäure Spülen in dest. Wasser, trocknen.

Klebstoffe für

- PA 6; 6.6: Adhäsionsklebung möglich mit Polyurethan-Klebstoffen mit und ohne Isocyanatzusatz sowie mit Phenolharz-Nitrilkautschuk-Klebstoffen.

- PA 11; 12: Phenolharz-Nitrilkautschuk-Klebstoffe, Lösemittelhaltige Polyurethan-Klebstoffe.

- PA 6; 6.6:

Diffusionsklebung: Polyamid-Ameisensäure-Lösungen, Polyamid-Resorcin-Lösungen, Polyamid-Phenol-Lösungen, Epoxid/Polyamidharze, DID-Klebstoffe

Bemerkungen: Diffusionsklebungen erfordern Temperatur von 80 bis 140 °C und leichten Preßdruck. Die Temperaturen können zur vorzeitigen Alterung führen. Die Lösungen sind sehr gesundheitsschädlich (!) und im Betrieb nicht verwendbar. Die erreichbaren Klebfestigkeiten sind gering.

<u>Polymethylmethacrylat-Kunststoffe</u> (PMMA, Plexiglas)

Adhäsionsklebung: möglich mit Polymerisationsklebstoffen

Diffusionsklebung: nur möglich bei unvernetztem PMMA

Oberflächenvorbehandlung: Adhäsionsklebung und Diffusionsklebung: Reinigung mit warmen, Netzmittel enthaltendem Wasser oder Wasser/Isopropanol-Gemischen. Bei vernetztem PMMA (Adhäsionsklebung) mechanisches Aufrauhen mit Schleifmittel K 240. Ggf. haftverbessernder Vorstrich.

Klebstoffe: für Adhäsionsklebungen:
Polymerisationsklebstoffe auf Methacrylat-Basis (ähnlich dem zu verklebenden Werkstoff).
Cyanacrylate,
UP/Styrol-Klebstoffe mit Vernetzer, Silikonharze.

für Diffusionsklebungen:
reine Lösemittel wie chlorierte Kohlenwasserstoffe (z.B. Chloroform*, Methylenchlorid=Dichlormethan*) oder Tetrahydrofuran (=THF) sowie Lösemittelgemische oder Kleblacke, die bis zu 20 % gelöstes PMMA enthalten.

Bemerkungen: Bei den Adhäsionsklebungen und den aufgeführten Klebstoffen betragen die erreichbaren Festigkeiten bis zu 90 % des Grundwerkstoffs. Der Klebstoff selbst schrumpft nur wenig. Beide Gründe führen dazu, daß Stumpfklebungen ausgeführt werden können.

Bei den Diffusionsklebungen und ihren Klebstoffen sind niedermolekulare PMMA-Formteile besonders gut zu kleben. Bei verbleibenden Lösemittelresten besteht die Gefahr erhöhter Rißempfindlichkeit.

Eine exakte Trennung zwischen Adhäsions- und Diffusionsklbung ist bei unvernetztem PMMA nicht möglich.

---

*chlorierte Kohlenwasserstoffe sind hochgradig gesundheitsschädlich und umweltbelastend !!

PMMA ist sehr spannungsrißempfindlich. Daher sollten die Fügeteile vor der Verklebung getempert werden. Als Alternative empfiehlt sich ein Klebstoff mit sehr hoher plastischer Verformbarkeit.

Polycarbonat-Kunststoffe (PC)

Adhäsionsklebung: möglich
Diffusionsklebung: sehr gut möglich

Oberflächenvorbehandlung: außer Reinigen und evtl. Aufrauhen keine erforderlich

Klebstoffe: Adhäsions-/Diffusionsmischklebung mit lösemittelhaltigen Klebstoffen oder Klebstoffen, die anlösende Monomere enthalten wie flexibel eingestellte ungesättigte Polyester-UP/Styrol-Gemische.

Reine Diffusionsklebungen mit reinen und polymerhaltigen Lösemitteln (chlorierte Kohlenwasserstoffe) sehr gut möglich.

Bemerkungen: PC ist gut klebbar. Es besteht aber in jedem Fall die Gefahr der Spannungsrißbildung.

Polyfluorolefine (PFO): Polytetrafluorethylen (PTFE)
Polytrifluormonochlorethylen (PTFCE)
Tetrafluorethylenperfluorpropylen-Mischpolymerisate
Fluorelastomere

Adhäsionsklebung: einzige Klebmöglichkeit

Oberflächenvorbehandlung: schmirgeln, entfetten, beizen (Beizlsg. S. 103), spülen in Aceton, dann in dest. Wasser, 5 min trocknen anstelle des Beizens: Corona- oder Plasmavorbehandlung

Beizlösung für PFO-Kunststoffe:

23 g metallisches Natrium in eine Lösung von 128 g Naphthalin in 1 l wasserfreies Tetrahydrofuran (THF) geben. Das Beizen wird bei Raumtemperatur 10 min durchgeführt.

Bemerkungen: Metallisches Natrium ist höchst reaktiv. Äußerste Sorgfalt im Umgang damit. THF muß absolut trocken, d.h. wasserfrei sein, da Natrium heftig mit Wasser reagiert (Explosionsgefahr!). Bei allen Arbeiten mit Natrium ist eine Schutzbrille zu tragen! Reaktionsgemische, die metallisches Natrium enthalten, dürfen nicht auf Wasserbädern erhitzt werden. Natrium nicht mit bloßen Händen berühren. Überschüssige Natriumreste gibt man vorsichtig in kleinen Anteilen in eine größere Menge Methanol.

Klebstoffe: 2K-Epoxidharze (kalt- und warmhärtend), Cyanacrylat-Klebstoffe, Polysulfid/Epoxidharz-Klebstoffe, modifizierte Phenolharzklebstoffe
Ohne Vorbehandlung: druckempfindliche Silikonharze oder Heißsiegelklebstoffe als Folien oder Dispersionen aus hochmolekularem Tetrafluorethylen/Perfluorpropylen-Mischpolymerisaten

Bemerkungen: Das Kleben dieser Werkstoffe ist schwierig, da auf der einen Seite die Haftung der Klebstoffe an den Oberflächen gering ist und auf der anderen Seite die meisten Klebstoffe weniger chemikalien-, wasser- und hitzebeständig als die Werkstoffe sind. So müssen die Klebstoffe je nach Art der Beanspruchung (chemisch oder thermisch) der Klebverbindung ausgewählt wer-

den. Bei den angeführten Heißsiegelklebstoffen beträgt die Verarbeitungstemperatur ca. 365 °C, weshalb auch auf die Vorbehandlung verzichtet werden kann. Die Klebung muß bei gleichzeitiger Druckaufbringung hergestellt werden. Die bei den Temperaturen entstehenden Fluorgase sind hochgiftig.
Vorsicht !!

<u>Polyolefin-Kunststoffe</u> (PO): Polyethylen (PE)
Polypropylen (PP)
Polyisobutylen (PIB)

Adhäsionsklebung: bei PE und PP einzige Klebmöglichkeit

Diffusionsklebung: nur möglich bei PIB

Oberflächenvorbehandlung: evtl. schmirgeln, auf jeden Fall entfetten, dann: Corona- oder Plasmavorbehandlung sowie Bestreichen der Oberfläche mit einer Gasflamme (s. Abschn. 7.4.4). Keine Nachbehandlung.

Klebstoffe: Haft- und Schmelzklebstoffe,
Polychlorbutadien mit Vernetzer,
Silikonharze,
Polysulfid/Epoxidharz-Klebstoffe,
Kontaktklebstoffe aus Naturkautschuk,
Nitrilkautschuk-modifizierte Phenolharze,
Polyurethan-Klebstoffe mit Vernetzer.
Diffusionsklebungen von PIB mit Naturkautschuk-, PIB-Lösungen in Kohlenwasserstoffen und PIB/Heißbitumen-Klebstoffen bei 50 bis 100 °C und Preßdruck von 100 N/cm^2.

Bemerkungen: Ohne Vorbehandlung ist PE mit Haft- und Schmelzklebstoffen verklebbar. Bei der thermischen und besonders der elektrischen Vorbehandlung erweist ein Vorwärmen der Teile bis zum Kristallitschmelzpunkt als günstig. Die thermische Vorbehandlung eignet sich nur für PE.

PIB/Heißbitumen Klebstoffe sind für Isolierfolien zum Korrosionsschutz bestens geeignet.

Polyacetal (Polyoxymethylen: POM, Polyformaldehyd):

Adhäsionsklebung: einzige Klebmöglichkeit

Oberflächenvorbehandlung: schmirgeln, entfetten, 5 min beizen, spülen in dest. Wasser, trocknen 5 min alternativ: Bestreichen der Oberfläche mit der Plasmaflamme aus Argon, Stickstoff oder Helium

Klebstoffe: Nitrilkautschuk-modifizierte Phenolharze, Polyamid-modifizierte Epoxidharze, Polyester/Polyisocyanat-Klebstoffe, Polyurethan-Klebstoffe, ungesättigte Polyester (UP), Styrol-Gemische mit Vernetzer.

Bemerkungen: Das mechanische Aufrauhen allein ist nur bei geringen Festigkeitsanforderungen ausreichend. Vorbehandlungen mit Chromschwefelsäure-Beizen erbringt zwar zunächst gute Bindefestigkeiten, beeinflußt aber die Fügeteilfestigkeit, da der eingeleitete Oxidationsprozeß nicht zum Stillstand kommt. Das sog. "Satinizing-Verfahren" ist als Vorbehandlung für die Lackierung oder Metallisierung von POM geeignet, zur Herstellung von Klebverbindungen allerdings nur bedingt brauchbar.

Polystyrol (PS)

Adhäsionsklebung: nicht möglich

Diffusionsklebung: möglich

Oberflächenvorbehandlung: reinigen mit wenig Aceton, evtl. aufrauhen, Schleifstäube mit ölfreier Preßluft entfernen

Klebstoffe: ungesättigte Polyester (UP)/ Styrol-Gemische + Vernetzer, Polystyrol-Lösungen, Cyanacrylate

Bemerkungen: Beim mechanischen Aufrauhen ist Vorsicht geboten, da der Werkstoff kerbempfindlich ist. Die Rißempfindlichkeit kann durch nachträgliches Tempern verringert werden.

Polystyrol-(PS)-Schaumstoff

Adhäsionsklebung: einzige Klebmöglichkeit

Oberflächenvorbehandlung: keine

Klebstoffe: Lösemittelfreie Epoxidharz-Klebstoffe oder Polyester/Polyisocyanat-Gemische

Bemerkungen: PS-Schaumstoffe sind extrem lösemittelempfindlich. Aus diesem Grunde sind keine Diffusionsklebungen möglich. Klebstoffe mit aromatischen Lösemitteln sind absolut unbrauchbar.

Polyurethan-Kunststoffe (PU)

Adhäsionsklebung: einzige Klebmöglichkeit

Oberflächenvorbehandlung: mechanisches Aufrauhen, danach entfetten und reinigen mit ölfreier Preßluft
bei hartem PU: Körnung 100
bei weichem und mittelhartem PU: Körnung 60

Klebstoffe: Isocyanatmodifizierte Polyester/Polyisocyanat-Klebstoffen (DID-Klebstoffe) für mittelharte und harte PU-Kunststoffe: lösemittelhaltige als auch lösemittelfreie PU-Klebstoffe, Acrylnitrilmodifizierte Phenolharze, Epoxidharz-Klebstoffe, Polychlorbutadien-Klebstoffe mit und ohne Isocyanat-Vernetzer

Bemerkungen: Lineare (weiche) PU-Kunststoffe zeigen nur geringe Klebfestigkeiten. Bei PU-Elastomeren (mittelhart) erbringt die Heißverklebung mit D/D-Klebstoffen sehr gute Festigkeiten. Zum Kleben von PU-Schaumstoffen, welches ohne Oberflächenvorbehandlung durchgeführt werden kann, werden DID-Klebstoffe eingesetzt. Sie ergeben bei Schaumstoffkombinationen weichere Klebfugen.

Polyvinylchlorid (PVC): PVC hart
PVC weich

Adhäsionsklebung: PVC hart möglich
PVC weich beschränkt möglich

Diffusionsklebung: PVC hart besonders gut möglich
PVC weich möglich

Oberflächenvorbehandlung: bei Adhäsionsklebung schmirgeln Körnung 240, reinigen mit ölfreier Preßluft
bei Diffusionsklebung reinigen mit chlorierten Kohlenwasserstoffen
chlorierte Kohlenwasserstoffe sind hochgradig gesundheitsschädlich und umweltbelastend !
(z.B. Dichlormethan=Methylenchlorid)
Vorsicht bei polaren Lösemitteln wie Aceton und MEK.

Klebstoffe: PVC-Lösungen in chlorierten Lösemitteln (PC-Klebstoffe), PVC-Mischpolymerisate in Tetrahydrofuran (THF-Klebstoffe), Nitrilkautschuk, Polyester/Urethan-Elastomere mit Vernetzer.

Bemerkungen: Aufgrund der Quellwirkung der angeführten Lösemittel-Klebstoffe ist es möglich, einen Fügeteilabstand bis 1,2 mm, für gas- und flüssigkeitsdichte Verbindungen bis 0,6 mm zu überbrücken. Die Klebverbindungen erreichen hohe Festigkeiten, die durchaus im Bereich der Werkstoff-Eigenfestigkeiten liegen. Gleiches gilt für die Beständigkeit der Klebung gegenüber Einflüssen von Wasser und Chemikalien. THF-Klebstoffe ergeben besonders bei schlagzähen PVC-Typen die besten Festigkeitswerte. Durch Wärmeaktivierung kann die Festigkeit der Klebverbindung gesteigert werden.

Silikon-Kunststoffe (SI)

Adhäsionsklebung: einzige Klebmöglichkeit

Oberflächenvorbehandlung: mechanisches Aufrauhen, reinigen mit

ölfreier Preßluft,
ggf. Primern (Primer auf Silanbasis)

Klebstoffe: bei Raumtemperatur selbstvulkanisierende 1K- und 2K-Silikonkautschukmassen.

Ausnahme: unvulkanisierte Silikonkautschukmassen auf artfremden Fügeteil. Vulkanisation dann, je nach Kautschuktyp bei RT ohne Druck oder zwischen 120 und 180 °C mit erhöhtem Druck.

Bemerkungen: Beim Kleben von Silikongummi auf andere Werkstoffe sind diese zumeist mit einem Primer auf Silanbasis vorzubehandeln (zu primern).

Beim Kleben mit Silikon sind Vorversuche meist angebracht.

Ungesättigte Polyester-Kunststoffe (UP)

Adhäsionsklebung: einzige, aber sehr gute Klebmöglichkeit

Oberflächenvorbehandlung: entfetten, schmirgeln oder sandstrahlen, säubern mit ölfreier Preßluft

Klebstoffe: 2K-Epoxidharze,
Epoxid-/Phenolharz-Klebstoffe,
Vinyl-Phenolharz-Klebstoffe (Lösemittelklebstoffe oder Klebfolien),
Acrylnitril-Kautschuk-modifizierte Phenolharz-Klebstoffe (Lösemittelklebstoffe oder Klebfolien),
UP-Klebstoffe,
lösemittelfreie PUR-Klebstoffe,
Polyacrylat- und Cyanacrylat-Klebstoffe

Bemerkungen: Sind diese Kunststoffe glasfaserverstärkt, können hohe Klebfestigkeiten die interlaminare Scherfestigkeiten überschreiten. Polyacrylat-(PMMA)-Klebstoffe werden bei Wabenkern-("sandwich")-Konstruktionen eingesetzt.

7.5 Verhalten von Kunststoffklebungen bei höheren Temperaturen

Kunststoffe kennzeichnet im Vergleich zu den Metallen unter anderem eine verhältnismäßig geringe Temperaturbeständigkeit, die etwa im Bereich der Klebstoffe liegt, diese oftmals sogar nicht erreicht. Bei Metallklebverbindungen hängt die Klebfestigkeit bei bestimmter Temperatur ausschließlich von der Wärmebeständigkeit des Klebstoffs ab. Im Fall von Kunststoffklebungen dagegen kann bei zunehmenden Temperaturen aufgrund steigender Verformung der Fügeteile bereits ein Festigkeitsabfall eintreten, bevor die Klebschicht durch die Wärmeeinwirkung wesentlich geschwächt wird.

Beim Kleben von Kunststoffen mit anderen Werkstoffen ist, wenn Wärmebeanspruchungen zu erwarten sind, die zumeist viel größere lineare Ausdehnung der Kunststoffe zu beachten. Dadurch entstehen Relativbewegungen der verbindenen Teile, die hohes Verformungsvermögen der Klebschicht erfordern. Um dieses zu gewährleisten, werden viele Klebstoffe mit unterschiedlich elastischer Einstellung geliefert. Mit Reaktionsklebstoffen auf der Basis von Epoxidharzen und ungesättigten Polyesterharzen hergestellte Klebungen sind verhältnismäßig spröde. Größere Bewegungen der Teile untereinander nehmen Kautschukklebstoffe auf. Sie verlangen jedoch sehr dünne Klebschichten, die sich bei langeinwirkenden Beanspruchungen leicht plastisch verformen.

Für sehr große Relativbewegungen, wie sie zum Beispiel bei Polyethylen auf Stahl auftreten können, stehen dauerelastische Klebmassen aus Polysulfidpolymeren und Silikonkautschuken zur Verfügung. Sie können Dehnungen bis zu 25 % ohne Schädigung ständig ertragen.

Aus allen diesen Darlegungen ist zu ersehen, daß das konstruktive Kleben mit Kunststoffen nicht unproblematisch ist, und daß auf einschlägigen Gebieten, wie dem klebgerechten Konstruieren, das Studium der Festigkeit und des Alterungsverhaltens von Kunststoffklebungen noch wesentliche Grundlagen erarbeitet werden müssen.

8 Tips für Praktiker

8.1 Das »saubere« Kleben

1. Arbeitsunterlage: Papier, kunststoffbeschichtetes Papier, Glasplatten oder PTFE-Platten.
2. Behälter zum Anrühren bzw. Abwiegen von Klebstoffen: Wegwerfartikel aus PP, PA, aber Vorsicht bei PS (PS kann angelöst werden).
3. Rührstäbe: Holz- oder Metallspatel (nichtrostend) und Glasstäbe.
4. Zum Reinigen der Metall-, Glas-Rührstäbe: Aceton und fusselfreie Papiertücher. Holzspatel sind zu verwerfen.
5. Überflüssiger Klebstoff am besten im Ansatzbecher härten lassen, er kann als Probe für Härtungsverhalten genutzt werden.

8.2 Das Abwiegen von Klebstoffen

1. Eingangsdatum des Klebstoffs auf den Originalgebinden vermerken.
2. Mischungsverhältnis mit wasserfestem Schreiber auf beiden Behältern vermerken.
3. Kühl gelagerte Klebstoffe rechtzeitig (mind. 6 h vor der Verarbeitung) auf Raumtemperatur bringen, um Kondensation von Wasser im Klebstoff zu verhindern.
4. Klebstoffansätze nicht zu groß wählen, da sich dann die vom Hersteller angegebene Topfzeit verringert (exotherme Reaktion).
5. Ansatzbecher groß genug wählen, damit das Verrühren des Klebstoffs nicht problematisch wird (Überlaufen).
6. Bei 2K-Systemen zuerst die Harzkomponente an den einen Rand des Ansatzbechers - die Härterkomponente an den anderen Rand, um zuviel abgewogenen Klebstoff problemlos wieder entnehmen zu können.

7. Überflüssige Harz- oder Härterkomponente niemals in die Originalgebinde zurückfüllen, um ein Verunreinigen der Gebinde zu verhindern.
8. Überflüssige Harz- oder Härterkomponente in einem verschließbaren Behälter aus Kunststoff sammeln und als Sondermüll abführen lassen.
9. Rührstäbe bzw. Spatel für das Abwiegen zwischen der Entnahme des Harzes und des Härters gründlich mit einem Tuch und Lösemittel reinigen.

8.3 Das Vermischen von Klebstoffen

1. Spatel mehrfach während des Rührvorgangs am Becherrand abstreifen.
2. Bodensatz am Becher beobachten (Mischungsfehler).
3. Nicht zu schnell rühren (Blasenbildung).
4. Bei zähflüssigen Klebstoffen kann das Mischen der beiden Komponenten durch Erwärmung erleichtert werden.
5. Topfzeit beachten!!
6. Eventuell im Vakuum vermischen (Vermeiden von Luftblasen).
7. Rührzeit: Faustregel ca. 5 min, aber die vom Hersteller angegebene Topfzeit beachten.

8.4 Der Klebstoffauftrag

Die Art des Auftragens hängt von der Viskosität der Klebstoffe ab. Nach Möglichkeit sollte auf beide Fügeflächen Klebstoff aufgetragen werden. Bei den zähflüssigen Produkten kann das Auftragen durch geringfügiges Erwärmen der Fügeteile erleichtert werden. Nach erfolgtem Aufbringen ist die zulässige "offene Wartezeit" (Lagerung der offenliegenden Fügeteile) zu beachten, die insbesondere bei den kaltaushärtenden Produkten relativ kurz sein kann.

1. Schichtdicke des Klebstoffs ca. 0,2 mm, d.h. je Fügeteil 0,1 mm.
2. Überflüssigen Klebstoff schon im ungehärteten Zustand beseitigen; die meisten Klebstoffe lassen sich im ausgehärteten Zustand nur schwierig entfernen.

3. Flächen, die nicht verklebt werden sollen, jedoch dicht an der Klebstelle liegen, sollten vorher mit Isolierband (Temp. bis 120 °C) oder ähnlichem abgeklebt werden. Nach dem Aushärten läßt sich dann das Isolierband mit dem überschüssigen Klebstoff leicht entfernen.

8.5 Das Fixieren der Proben

Um ein Verrutschen der Fügeteile, z.B. Zugscherproben, bei der Aushärtung des Klebstoffs zu verhindern, ist die Verwendung einer Klebvorrichtung (siehe Bild 8.1) zu empfehlen. Weiterhin kann bei dieser Vorrichtung die erforderliche Überlappungslänge genau eingestellt werden. Es handelt sich bei der in Bild 8.1 dargestellten Vorrichtung um einen Eigenbau aus Aluminium. Die Gewichtsbelastung, in diesem Falle Stahlklötze, erlaubt eine genaue Einstellung des Anpreßdruckes (Kontaktdruck), der auch bei Schrumpfung der Klebschicht konstant bleibt. Die Bohrungen in der Vorrichtung sowie die Verwendung von Leichtmetall erlauben eine gleichmäßige und schnelle Erwärmung der Fügeteile.

Bild 8.1: Klebvorrichtung mit Zugscherproben und Gewichten

Bei Warmaushärtung wird die gesamte Vorrichtung in einen Umluftofen eingebracht. Die Fügeteile werden vorher fertig zugeschnitten und entgratet. Es ist besonders darauf zu achten, daß die

Fügeteile plan und nicht verkantet aufliegen. Weiterhin sind Distanzstücke entsprechend der jeweiligen Blechdicke zu verwenden. Zweckmäßig ist auch die Verwendung eines Trennmittels (z.B. PTFE-Spray, aber PTFE-Spray möglichst im Freien, niemals jedoch in geschlossenen Räumen in denen geklebt wird, verwenden!), um ein Verkleben der Fügeteile mit der Vorrichtung zu vermeiden.

Geräte und Hilfsmittel: Klebvorrichtungen
Gewichte
oder
Isolierband
Wäscheklammern
Schraubzwingen/Gripzange
Schraubstock
Vakuumkofen
Umluftofen

8.6 Die Aushärtung

Alle lösemittelhaltigen Produkte erfordern eine Vortrocknung bei offenen Fügeteilen, die eventuell durch leichtes Erwärmen beschleunigt werden kann. Bei den warmaushärtenden Klebstoffen wird durch langsames und stetiges Erwärmen (Aufheizrate) die vorgeschriebene Temperatur erreicht, die für die Aushärtungsdauer konstant und überall gleichmäßig sein muß. Die Härtungstemperatur muß in oder an der Klebfuge gemessen werden. Die Abkühlung soll ebenfalls langsam und gleichmäßig erfolgen. In mehr oder weniger weiten Grenzen können alle Produkte (mit Ausnahme von Luftfahrtklebstoffen) auch bei geringeren Temperaturen ausgehärtet werden, während die kaltaushärtenden auch bei Wärmezufuhr ausgehärtet werden können. Es muß jedoch beachtet werden, daß der flüssige Klebstoff die Fügeteile ausreichend benetzt. Ein zu rasches Härten behindert diesen Vorgang. Einzelne Produkte sind wahlweise warm oder kalt härtbar. Ganz allgemein bestimmt die Aushärtungstemperatur die Dauer des Abbindeprozesses.

Die meisten Metallklebstoffe, mit Ausnahme der Polykondensations-Typen, benötigen keinen Anpreßdruck, jedoch muß manchmal eine geringe Klebfilmdicke verwirklicht werden. In jedem Falle müssen aber Fixierung und Klebflächenanlage gewährleistet sein. Sollte jedoch mit Anpreßdruck gearbeitet werden, so ist dieser vor der Erwärmung aufzubringen, während der Aushärtung konstant zu halten und bis zur Abkühlung von +80 °C beizubehalten (Bild 8.2).

Bild 8.2: Klebpresse mit Klebvorrichtung zwischen den Heizplatten

Bei Metallklebstoffen, die während des Aushärtens stärker schrumpfen, muß auf die Konstanthaltung des Druckes besonders geachtet werden.
Die Zeitdauer des Aushärtens zählt erst nach Erreichen der vorgeschriebenen Temperatur in der Klebfuge. Im Zweifelsfalle sind Musterklebungen mit Thermoelementen in der Klebschicht anzufertigen und die Erwärmungskurven zu messen. Mit Rücksicht auf die Fügeteile ist die Aushärtezeit so niedrig wie möglich zu halten. Bei den kalthärtenden Klebstoffen können die relativ langen Aushärtezeiten durch leichtes Erwärmen erheblich, in einigen Fällen bis auf wenige Sekunden verkürzt werden.

Datenblätter der Klebstoffe beachten!!

Geräte: Umluftofen - Heizpresse - Autoklaven - Heizschlangen

8.7 Der Umgang mit Primern

Um ein Verunreinigen der Klebflächen nach der Oberflächenvorbehandlung zu verhindern, können die Oberflächen konserviert (geprimert) werden. Weiterhin kann der Primer in manchen Fällen eine Festigkeitssteigerung bewirken.
Primer bestehen in der Regel aus verdünnten Lösungen der Grundstoffe der nachfolgenden Klebstoffe; d.h. jeder Klebstoff benötigt zur optimalen Oberflächenvorbehandlung auch seinen speziellen Primer.

Die Primer sind hinsichtlich ihrer Verarbeitbarkeit unterschiedlich, jedoch werden sie grundsätzlich ähnlich wie Lacke verarbeitet.

Bei dem Primerauftrag hat sich das luftlose Sprühverfahren (airless) besonders bewährt. Allerdings ist eine absolut konstante Primerschicht bei Handauftrag kaum möglich, aber auch nicht erforderlich, da die jeweiligen Spezifikationen Primerschichtdicken etwa im Bereich von 2 bis 8 µm im getrockneten Zustand zulassen. Besonders stabil sind geprimerte Oberflächen, wenn der Primer gesondert ausgehärtet werden kann.

Primervorgang anhand eines Beispiels aus der Luftfahrtindustrie (Laborverlauf)

1. Primer mind. 6 h vor der Verarbeitung aus der Tiefkühltruhe nehmen und auf Raumtemperatur erwärmen.
2. Vorbehandelte und getrocknete Fügeteile auf Raumtemperatur erwärmen bzw. kühlen.
3. Primer gut aufrühren, bis sich der Bodensatz (Pigmente) vollständig gelöst hat.
4. Arbeitsmenge abfüllen; Probeprimerung herstellen.
5. Primerauftrag (bei fast senkrecht stehenden Fügeteilen) mit einer Spritzpistole (airless).
   Schichtdicke trocken 4 bis 8 µm.
   Abstand Spritzpistole/Fügeteil ca. 30 bis 40 cm.

6. Bei Serienfertigungen sollte zwischendurch für ein ausreichendes Rühren des Primers gesorgt werden, da sich die Feststoffe am Boden des Primergefäßes absetzen.
7. Geprimerte Fügeteile zum Trocknen (Ablüften des Lösemittels) in einen trockenen und staubfreien Raum bzw. Abzug stellen.
8. Nach Trocknung bei Raumtemperatur die geprimerten Fügeteile zur Härtung des Primers in einen Umluftofen stellen.
9. Nach der vom Hersteller angegebenen Härtungszeit und Temperatur Fügeteile auf Raumtemperatur abkühlen lassen, Schichtdicke messen und dann verkleben
(derartig geprimerte Proben sind nun mind. 14 Tage lagerfähig)

Tips:

Bei einigen Primern ist ein Aushärten zeitgleich mit dem Klebstoff möglich; d.h. der Primer wird vor dem Verkleben nur getrocknet. Wenn keine Serienfertigungen angestrebt werden, ist eine Abfüllung der großen Primergebinde in kleinere Vorratsgefäße praktisch und zweckmäßig (Haltbarkeit des Primers verkürzt sich mit jedem Auftauen auf Raumtemperatur).

Datenblätter der Hersteller unbedingt beachten!!

Geräte und Hilfsmittel: Magnetrührer
Spritzpistole (luftlos)
Spritzkabine
Vorratsbehälter
Schöpfkelle (nichtrostend)
Trichter
Probengestell (nichtrostend)
Umluftofen
Schichtdickenmeßgerät
Lupe (zur Kontrolle geschlossener Primerschichten)
Zur Reinigung der Spritzpistole, Düse und der Vorratsbehälter ist ein Lösemittelgemisch Toluol/Ethanol (im Verhältnis 7:3) sehr gut geeignet.

8.8 Auswahl von Fehlern »rund ums Kleben«

1. Klebstoffe: Ein- bzw. mehrkomponentige Klebstoffe

1.1 Klebstoffauswahl	- Klebstoffsystem ist für die Fügeteile nicht geeignet z.B. Viskosität zu hoch/niedrig Oberflächenvorbehandlung der Fügeteile ist für den Klebstoff nicht geeignet
1.2 Lagerung der Klebstoffgebinde	- zu warm/kalt nicht lichtgeschützt (bei UV-härtenden Klebstoffen) undichte Behälter Material der Behälter nicht geeignet
1.3 Lagerstabilität	- Verfallsdatum überschritten
1.4 Kennzeichnung	- Klebstoffbezeichnung löst sich von den Gebinden (Verwechslungsgefahr)
1.5 Gebindeverunreinigung	- z.B. überflüssig abgewogene Klebstoffkomponenten in die Originalgebinde zurückgefüllt
1.6 Auftauzeit	- bei kalt gelagerten Klebstoffen Gebinde vor dem Öffnen nicht ausreichend erwärmt (Kondenswasserbildung)
1.7 Ansatzbecher	- Material des Ansatzbechers ist für den Klebstoff nicht geeignet (z.B. Polystyrol-Becher und Polyurethan-Klebstoff) - Boden des Ansatzbechers mit Vertiefungen (z.B. Rautenmuster) macht das korrekte Aufrühren unmöglich

1.8 Mischungsfehler beim Abwiegen	- Allgemein wird die Harzkomponente vom Hersteller mit "A" und die Härterkomponente mit "B" bezeichnet. Bei Produkten z.B. aus der USA kommt es vor, daß die Harzkomponente mit "B" (Basis) und die Härterkomponente mit "A" (Accelerator = Härter/Beschleuniger) bezeichnet wird. Verwechslungsgefahr! - Mischungsverhältnis nach Gew.%, Vol.% oder g nicht beachtet.
1.9 Mischungsfehler beim Rührvorgang	- zu schnelles/langsames Rühren (Luftblasen) - Rührzeit zu kurz/lang - Rückstände am Becherboden nicht aufgerührt - Ansatzbecher nicht geeignet (Form/Größe) - Topfzeit überschritten
1.10 Klebstoffauftrag	- Auftragsgerät z.B. Holz-Metallspatel, Glasstab, Zahnspachtel, Pinsel u.ä. für Anwendungsfall ungeeignet - Beim Auftrag mit Pinseln Borstenqualität falsch - Klebstoffschicht zu dick/dünn - Keine gleichmäßige Klebschichtdicke - Kein geschlossener Klebfilm - Borstenrückstände vom Pinselauftrag - starkes "Kratzen" mit dem Auftragsgerät (Spatel) beschädigt oder zerstört die Oberflächenbeschaffenheit des Fügeteils - überschüssiger Klebstoff verschmutzt die Fügeteile

1.11 automatische Misch-, Dosier- und Auftragsgeräte	- mit ausgehärteten Klebstoff verunreinigt - nicht regelmäßig gewartet - wasserundurchlässiges Schlauchmaterial für die Verarbeitung von PU-Klebstoffen zwingend notwendig - Temperatureinstellung falsch - falsche Drehzahl der Mischschnecke - Fügeteiltemperatur nicht auf den jeweiligen Klebstofftyp abgestimmt - Blasenbildung im Zuleitungssystem
1.12 Härtung	- Temperatur zu hoch/niedrig - Zeit zu lang/kurz - Fixierdruck zu hoch/niedrig - Abkühlung zu schnell/langsam - Aufheizrate (Temperatur/Zeit) nicht eingehalten - Fixierdruck beim Härtungsprozeß nicht konstant

2. Folienklebstoffe - Klebfilme

2.1 Klebfilmauswahl	- Klebfilm ist für die Fügeteile nicht geeignet: Härtungstemperatur beeinflußt das Gefüge der Fügeteile (Wärmebehandlung) - Klebfilm ist für die Oberflächenvorbehandlung der Fügeteile nicht geeignet: z.B. gestrahlte Oberfläche mit einem sehr dünnen Klebfilm wie technicoll 8401
2.2 Lagerung	- zu warm/kalt - undichte Verpackung

	- Klebfilme vor Feuchtigkeit nicht geschützt
2.3 Lagerstabilität	- Verfallsdatum überschritten
2.4 Kennzeichnung	- Kennzeichnung der Klebfilme unleserlich (Verwechslungsgefahr)
2.5 Auftauzeit	- Klebfilm im kalten bzw. gefrorenen Zustand verarbeitet (Kondenswasserbildung)
2.6 Verarbeitung	- Berührung des Klebfilms mit bloßen Händen - offener Klebfilm durch Staub o.ä. verunreinigt - Abdeckfolie(n) nicht entfernt - Faltenbildung des Klebfilms zwischen den Fügeteilen
2.7 Härtung	- Aufheizrate (Temperatur/Zeit) nicht eingehalten - zu hohe/niedrige Temperatur - Temperatur nicht konstant - zu hoher/niedriger Druck - Druck nicht konstant - Abkühlung zu schnell - Druck beim Abkühlen nicht konstant

3. Fügeteile

3.1 Fügeteilauswahl	- Fügeteil ist für das Klebsystem ungeeignet z.B. Härtungstemperatur Klebstoff ist für Fügeteil zu hoch (Gefügeänderung)

3.2 Lagerung	- Lagerräume mit zu hoher Luftfeuchtigkeit oder Staubkonzentration; Lagerräume dürfen nicht für Lackierarbeiten o.ä. benutzt werden, da sich Lackpartikel auf den Proben niederschlagen könnten. Weiterhin darf in den Lagerräumen auf keinen Fall mit PTFE-Spray o.ä. gearbeitet werden.
3.3 Handhabung der Fügeteile	- Anfassen der Fügeteile mit den bloßen Händen ist zu vermeiden
3.4 Enfettung	- Lösemittel verschmutzt bei Ultraschallentfettung: Fügeteillagerung nicht senkrecht - nach dem Entfetten Kondenswasserbildung auf der Fügeteiloberfläche - Trockenflecke
3.5 Schleifen	- Schleifmittel zu grob/fein - verschmutztes Schleifmittel - nicht ausreichend geschliffen - Schleifrichtung falsch - Schleifmittelrückstände nicht entfernt - nachträgliches Entfetten (kann schädlich sein)
3.6 Strahlen	- Strahlmittel zu grob/fein - verschmutztes Strahlmittel - zu hoher/geringer Strahldruck - verölte Preßluft - falscher Abstand Strahldüse/Fügeteil - falscher Winkel - " - - " - - Fügeteil "krumm" gestrahlt - Strahlmittelrückstände nicht entfernt - nachträgliches Entfetten (kann schädlich sein)

9 Alterung von Klebverbindungen

Unter Alterung von Klebverbindungen versteht man die Änderung von Festigkeitseigenschaften mit der Zeit. So sind z.B. Temperatur, Feuchtigkeit und mechanisches Belasten meistens für das Altern verantwortlich. Sie vermindern fast ausnahmlos die Festigkeit einer Klebverbindung.

Es ist heute noch nicht möglich, den zeitlichen Verlauf der Alterung in kurzen Versuchszeiten zu ermitteln oder rechnerisch mit ausreichender Sicherheit zu extrapolieren. Beim Kleben ist es eine häufige Erfahrung, daß die Kurzzeitversuche im Labor unter verschärften Umweltbedingungen ein viel negativeres Bild bieten als das tatsächliche Verhalten eines geklebten Bauteils in der Praxis. Will man daher aus Laborversuchen auf die Beständigkeit einer Klebung schließen, muß man sich mit den einzelnen Einflußgrößen näher befassen. Diese sind im einzelnen:

- Wasseraufnahme und Festigkeit,
- Wasseraufnahme und Adhäsion
- Korrosion,
- Sauerstoff und Alterung sowie
- die Lagerung unter Last.

Hier soll allerdings nicht näher auf diese Einzelparameter eingegangen werden.

Zusammenfassend kann jedoch gesagt werden, daß es heute noch unmöglich erscheint, das Alterungsverhalten in Klebverbindungen exakt vorauszusagen. Dazu wirken zu viele, untereinander wieder abhängige Parameter nachteilig auf das Langzeitverhalten von Klebungen ein. Die Praxis aber zeigt, daß es durch Kombination verschiedener Prüfungen möglich ist, zu brauchbaren Aussagen zu gelangen. Der damit verbundene Aufwand erreicht jedoch in manchen Fällen ein erhebliches Ausmaß, das größer als bei anderen Fügeverfahren sein kann.

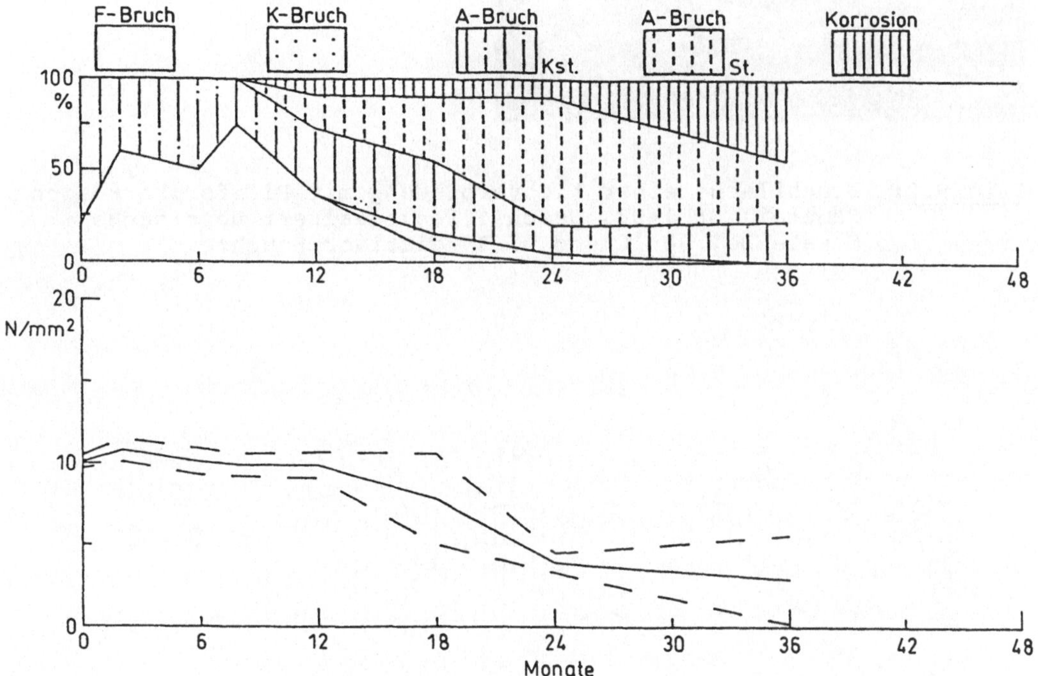

Bild 9.1: Zugscherfestigkeiten in Abhängigkeit von der Alterungszeit. Fügeteile St 1403 geschliffen, Polypropylen, plasmageätzt, Klebstoff Tegopur 1636S, Wasserlagerung bei 30 °C.
Unteres Bild Verlauf der Festigkeit (____) mit Standardabweichung (----). Oberes Bild enthält die Beschreibung der Bruchflächen (s. Legende F-Bruch = Fügeteilbruch, A-Bruch = Adhäsionsbruch K-Bruch = Kohäsionsbruch).

Es bleibt damit die Frage, mit Hilfe welcher Regeln es möglich ist, beständige Klebverbindungen herzustellen. Hierfür ist zuerst zu klären, welchen Umweltbedingugnen eine Klebung im Extremfall tatsächlich ausgesetzt ist. Ferner ist eine Voraussetzung zu erfüllen, was nach heutigem Stand der Technik durchaus machbar ist: Die Klebverbindung darf nicht in der Klebfuge korrodieren (Bild 9.2).

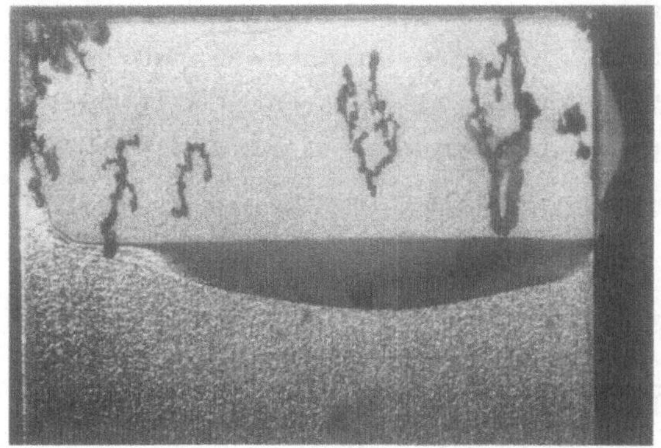

Bild 9.2: Bruchfläche einer Klebverbindung mit Filiformkorrosion Fügeteil St 1403, geschliffen, gealtert über sechs Monate bei 30 °C und 95 % relativer Feuchte.

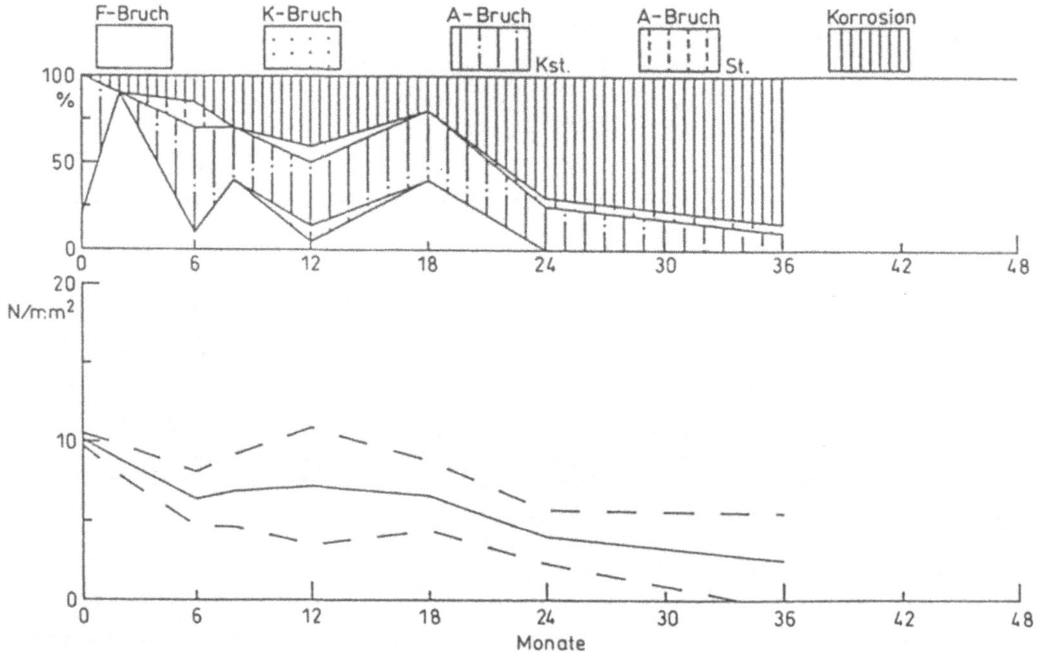

Bild 9.3: Zugscherfestigkeit in Abhängigkeit der Alterungszeit Fügeteile wie in Bild 9.1, jedoch als Alterungsversuch Freibewitterung
(Die Klebungen waren bewußt nicht gegen externe korrosive Angriffe geschützt)

Das bedeutet nicht allein, daß ein guter Korrosionsschutz, z.B. in Form einer Beschichtung aufgebracht werden muß, sondern auch, daß der Klebstoff Korrosion nicht fördern darf. Die in Bild 9.2 dargestellte Bruchfläche ist Beispiel einer Korrosionsform, die offensichtlich vom Klebstoff eingeleitet wurde. Eine gut geschützte Klebung unterliegt dann nur noch der Alterung durch eindringende Feuchtigkeit und oxidativer Zerstörung. Als zweiter Faktor tritt die Temperatur hinzu, die auch selbsttätig auf die Festigkeit unmittelbar einwirkt. So besitzen viele kalthärtende Klebstoffe bei 100 °C nur noch sehr geringe Festigkeiten, die durch klimatisch bedingte Veränderungen noch weiter herabgesetzt sind.

Wie eingangs schon erwähnt, können Alterungsversuche über kurze Zeiträume nur sehr grobe Hinweise auf die reale Beständigkeit von Klebungen geben. Ihre Bewertung erfordert Erfahrungen und kann leicht zu falschen Rückschlüssen führen (Bild 9.1).

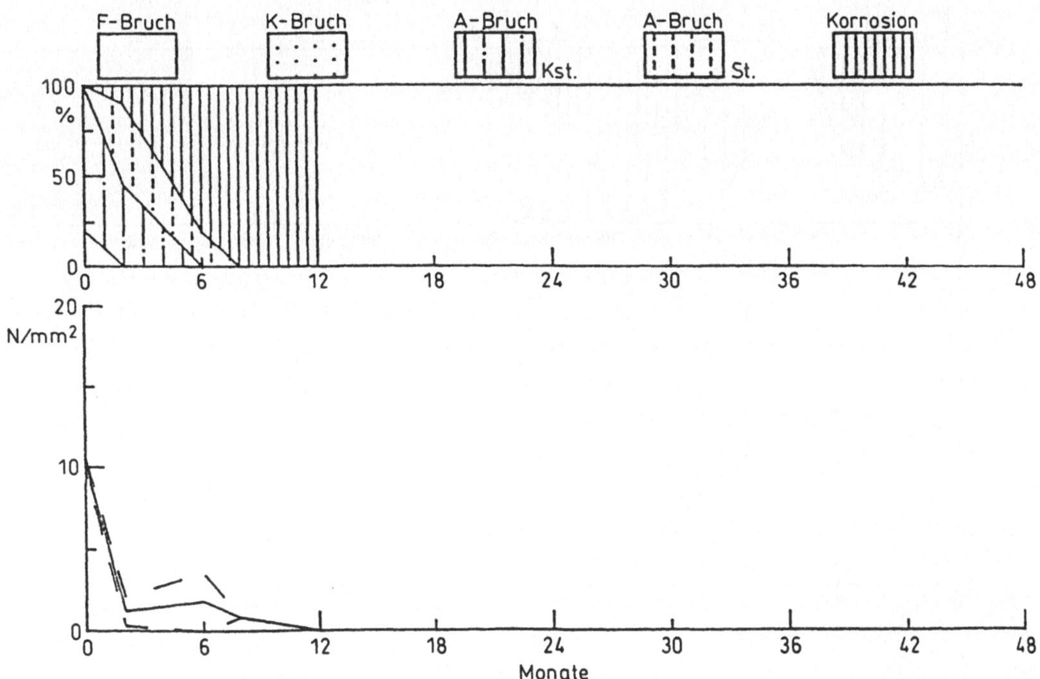

Bild 9.4: Zugscherfestigkeit in Abhängigkeit von der Alterungszeit. Fügeteile wie in Bild 9.1, jedoch als Alterungsversuch Salzsprühtest.

Für eine sachlich fundierte Abschätzung sollte sich die Klebung im Gleichgewicht mit ihrer Umgebung befinden, was aber immer Alterungszeiten von mehr als einem halben Jahr erfordert (siehe Bild 9.3: PP/TE Freibewitterung).

Nur die Gefährdung durch Korrosion läßt sich in kürzeren Zeiträumen zum Beispiel im Salznebeltest (DIN 50021) ermitteln (siehe Bild 9.4). Des weiteren kann es ein Weg zur besseren Abschätzung sein, die Festigkeit nach der Alterung bei verschiedenen Prüftemperaturen zu ermitteln. Ein Beschleunigen des Alterns durch Erhöhen der Lagertemperaturen ist in den meisten Fällen mit Risiken verbunden, da sich die Alterungsmechanismen in einer nicht vorher bestimmbaren Weise verändern können (Bild 9.5). Damit sind einer beschleunigten Alterungsprüfung von Klebverbindungen natürliche Grenzen gesetzt, die in der Zukunft näher zu bestimmen sind.

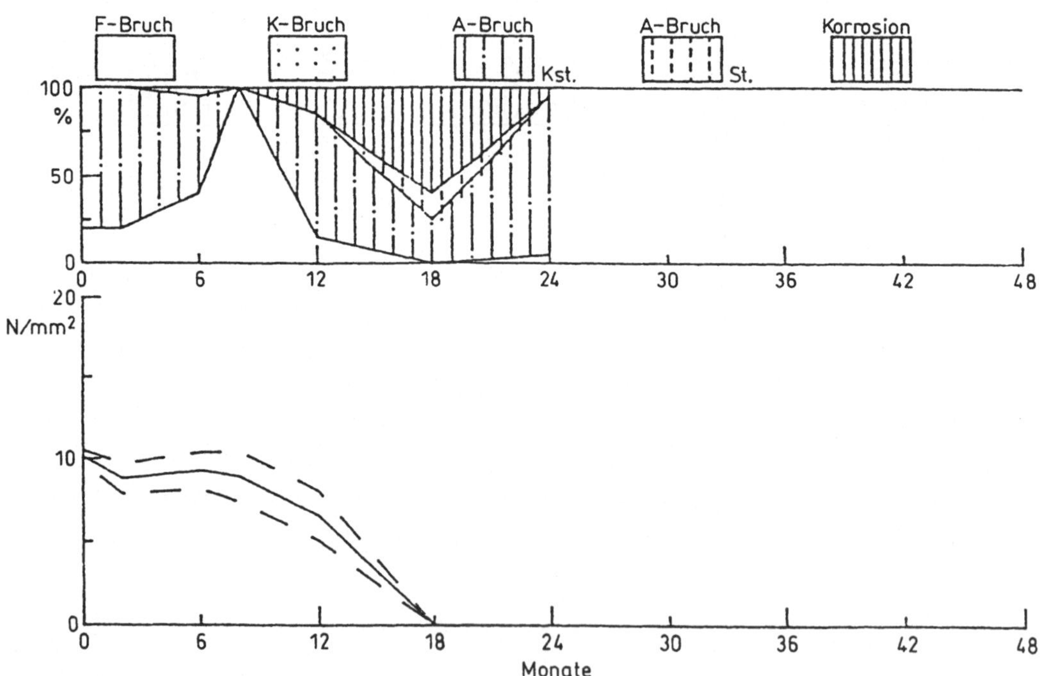

Bild 9.5: Zugscherfestigkeit in Abhängigkeit von der Alterungszeit. Fügeteile wie in Bild 9.1, jedoch als Alterungsversuch Klimalagerung bei 50 °C und 60 % relativer Feuchte.

Beispiel einer beschleunigten Alterungsprüfung

CASS-TEST

Ansatz für ca. 15 l:

15 l dest. H_2O
2,6 g $CuSO_4$
0,5 ml Essigsäure
1,5 kg NaCl

ODER

15 l dest. H_2O
2,4 g $CuCl_2 \cdot 2H_2O$
0,5 ml Essigsäure
1,5 kg NaCl

Parameter: ähnlich dem Salzsprühtest nach DIN 50021

Bemerkung: Dieser Test ist sehr aggressiv und zerstört sowohl die Klebungen als auch die Fügeteile.

Beseitigung bzw. Neutralisation: viel Wasser

bes. Gefahren: Kupferchlorid ($CuCl_2 \cdot 2H_2O$) ist sehr giftig!

Schutzmaßnahmen:

Schutzbrille
Schutzhandschuhe
Schutzkleidung

Erste Hilfe:

Beim Verschlucken
KEIN WASSER !!!
ARZT RUFEN !

10 Prüfung von Klebverbindungen, Normauszüge und Anmerkungen

10.1 Zerstörende Prüfverfahren

10.1.1 Der Zugscherversuch nach DIN 53283

Der Zugscherversuch dient zur Ermittlung der Klebfestigkeit von einschnittig überlappten Metallklebverbindungen bei Beanspruchung der Fügeteile durch Zugkräfte in Richtung der Klebfläche. Die Prüfung wird bei (23±2)°C, in Schiedsfällen im Normalklima DIN 50014-23/50-2, durchgeführt. Andere Prüftemperaturen nach DIN 53286 sind zu vereinbaren. Jede Probe wird mit einem Distanzstück, das der Fügeteildicke entspricht, so in die Einspannklemmen der Zugprüfmaschine eingespannt, daß eine mittlere Krafteinleitung in die Klebschicht sichergestellt und zwischen dem Überlappungsende und den Einspannklemmen jeweils ein Abstand von ca. 50 mm verbleibt. Der Versuch wird mit einer möglichst gleichbleibenden Geschwindigkeit der ziehenden Einspannklemmen von 5 bis 10 mm/min bis zum Trennen der Fügeteile durchgeführt. Die auftretende Höchstkraft F_{max} ist dann am Kraftanzeiger abzulesen und zu protokollieren.

Die Klebfestigkeit τ_B in N/mm^2 wird nach folgender Gleichung berechnet:

$$\tau_B = \frac{F_{max}}{A} = \frac{F_{max}}{L_{ü} \cdot b}$$

F_{max} = Höchstkraft in N
$L_{ü}$ = Überlappungslänge in mm
b = mittlere Probenbreite (Klebfläche) in mm.

Prüfbericht

Im Prüfbericht sind unter Hinweis auf diese Norm anzugeben:

- Lieferbezeichnung des verwendeten Klebstoffs
- Bezeichnung des Fügeteilwerkstoffs
- Dicke a der Fügeteile in mm, auf 0,1 mm gerundet
- Prüftemperatur
- Klebflächenvorbehandlung nach DIN 53 281 Teil 1
- Herstellung der Proben nach DIN 53 281 Teil 2
- Kenndaten des Klebvorgangs nach DIN 53 281 Teil 3
- Überlappungslänge $L_ü$ der Fügeteile und mittlere Probenbreite b in mm, auf 0,1 mm gerundet
- Mittlere Dicke d der Klebschicht in mm, auf 0,01 mm gerundet
- Anzahl der Proben
- Lagerungsdauer und Lagerungsbedingungen der Proben bis zur Prüfung
- Art der Zugprüfmaschine und Kraftmeßbereich
- Vorschubgeschwindigkeit der ziehenden Einspannklemme
- Klebfestigkeit τ_B in N/mm^2, auf drei wertanzeigenden Ziffern gerundet, und zwar Kleinstwert, arithmetischer Mittelwert und und Größtwert

Bild 10.1: Universalprüfmaschine (bis max. 100 kN) mit eingebauter Klimakammer

- Art des Bruches (z.B. Kohäsions-, Adhäsions- oder Fügeteilbruch)
- Beschreibung weiterer Besonderheiten des Bruches
- Gegebenenfalls Abweichungen von dieser Norm
- Prüfdatum.

10.1.2 Der Rollenschälversuch nach DIN 53289

Der Rollenschälversuch dient zur Ermittlung des Widerstandes von Metallklebverbindungen gegen abschälende Kräfte. Der Versuch wird vorwiegend zum vergleichenden Beurteilen von Klebstoffen und Klebungen sowie zum Überwachen von Oberflächenvorbehandlungsverfahren eingesetzt.
Eine abgewinkelte, geklebte Probe wird an ihren nichtgeklebten Schenkeln über eine Rolle durch eine Zugkraft so lange belastet, bis die Klebschicht reißt und beide Probenhälften voneinander getrennt sind. Die dazu erforderliche Kraft wird in Abhängigkeit von der Klebschichtlänge in einem Schäldiagramm registriert.
Die Probenherstellung erfolgt nach DIN 53281 Teil 1 und 2, deren Kenndaten in DIN 53281 Teil 3 festgelegt sind.
Es sind mindestens 5 Proben zu prüfen.
Zu verwenden ist eine Zugprüfmaschine nach DIN 53221 Teil 3, die mindestens den Anforderungen der Klasse 1 nach DIN 51221 Teil 1 entspricht. An der Prüfmaschine muß ein Kraft-Längenänderungs-Schreibgerät vorhanden sein.

Die Prüfung wird bei (23±2)°C, in Schiedsfällen im Normalklima DIN 50014-23/50/2, durchgeführt. Andere Prüftemperaturen nach DIN 53286 sind zu vereinbaren. Für jede Probe sind die Dicke a der Fügeteile und die Probenbreite b auf 0,1 mm, die Klebschichtdicke d auf 0,01 mm zu messen.
Die Probe wird, wie in Bild 10.2 dargestellt, in die Schälvorrichtung eingelegt und auf etwa 25 mm Länge in den Einspannklemmen der Zugprüfmaschine befestigt. Beim Schälvorgang soll die Geschwindigkeit der ziehenden Einspannklemme etwa 80 mm/min betragen. Das Schäldiagramm ist mit dem Schreibgerät aufzuzeichnen.
Zum Auswerten dient das Schäldiagramm nach Bild 10.3.

Aus dem mittleren Bereich des Kurvenverlaufs (etwa 15 und 90 % der Diagrammlänge) ist die mittlere Trennkraft $\overline{F}$ zu bestimmen und

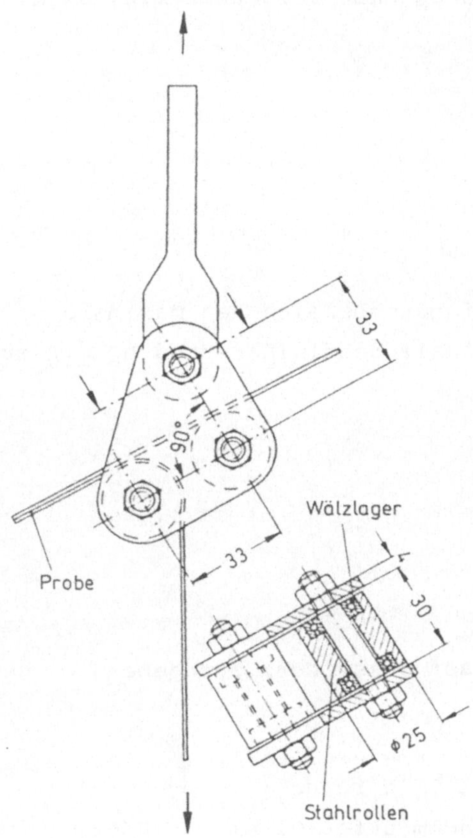

Bild 10.2: Beispiel einer Rollenschälvorrichtung

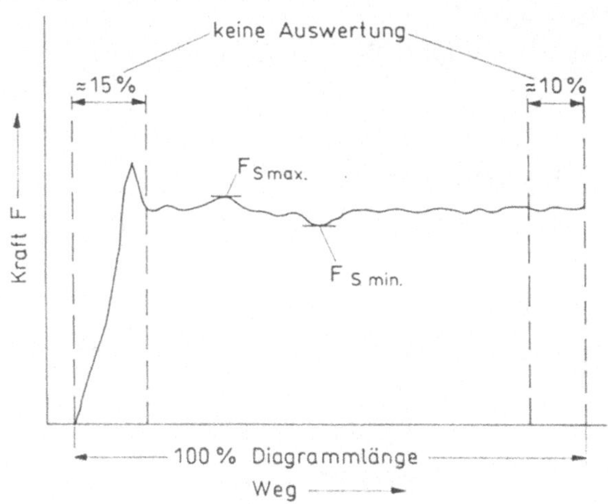

Bild 10.3: Schäldiagramm

daraus der mittlere Schälwiderstand p_s nach folgender Gleichung zu berechnen:

$$p_s = \frac{\bar{F}}{b} \text{ in N/mm}$$

$\bar{F}$ = mittlere Trennkraft in N,
b = Breite der Probe in mm.

Ferner sind für den betrachteten Diagrammbereich der maximale Schälwiderstand $p_{s\,max}$ und der minimale Schälwiderstand $p_{s\,min}$ zu bestimmen.

Prüfbericht

Im Prüfbericht sind unter Hinweis auf diese Norm anzugeben:

- Bezeichnung des Klebstoffs
- Dicke der Fügeteile in mm auf 0,1 mm gerundet
- Mittlere Dicke der Klebschicht in mm auf 0,01 mm gerundet
- Klebflächenvorbehandlung nach DIN 53281 Teil 1
- Herstellung der Proben nah DIN 53281 Teil 2
- Kenndaten des Klebvorgangs nach DIN 53281 Teil 3
- Anzahl der Proben
- Lagerungsdauer und Lagerungsbedingungen der Proben bis zur Prüfung
- Prüftemperatur
- Art der Zugprüfmaschinen und Kraftmeßbereich
- Schälwiderstand p_s in N/mm, auf 3 wertanzeigende Ziffern gerundet
- Einzelwerte und arithmetischer Mittelwert
- Maximaler Schälwiderstand $p_{s\,max}$ und minimaler Schälwiderstand $p_{s\,min}$ in N/mm
- Art des Bruches (z.B. Kohäsions- oder Adhäsionsbruch)
- Mindestens ein kennzeichnendes Schäldiagramm
- Gegebenenfalls Abweichungen von dieser Norm
- Prüfdatum

Anmerkung zum Rollenschältest:

In Anlehnung an den Rollenschälversuch wurde am Fraunhofer-Institut für angewandte Materialforschung und einigen Vertretern der Luftfahrtindustrie ein Verfahren entwickelt, das innerhalb kürzester Zeit Aussage über die Adhäsionseigenschaften des Klebstoffs liefert.

Hierbei wird die Probe bei halber Schälstrecke (ca. 5 cm) entlastet und eine 0,5 %ige Tensidlösung in die nun "offene" Probe eingebracht. Nach einer Wartezeit von ca. 30 s wird der Schälversuch fortgesetzt. Man spricht hierbei von einem "trockenen" und "nassen" Schältest. Dieser Versuch ersetzt aber in keinem Fall einen Alterungstest, sondern dient lediglich zur schnellen Überprüfung von Oberflächenvorbehandlungen, Eingangskontrollen der Klebstoffe etc. Auch läßt sich dieser Versuch nicht bei allen Klebstoffarten anwenden.

10.1.3 Der Winkelschälversuch nach DIN 53282

Der Winkelschälversuch dient zur Ermittlung des Widerstandes von Metallklebverbindungen gegen abschälende Kräfte. Der Versuch wird vorwiegend zum vergleichenden Beurteilen von Klebstoffen und Klebungen sowie zum Überwachen der Klebflächenvorbehandlungen eingesetzt.

Die T-förmig abgewinkelte geklebte Probe wird an ihren nicht geklebten Schenkeln durch eine Zugkraft so lange beansprucht, bis die Klebschicht reißt und beide Probenhälften voneinander getrennt sind. Die dazu erforderliche Kraft wird bei gleichzeitiger Messung der Längenänderung zwischen den Einspannköpfen mit einem Schäldiagramm registriert.

Die Proben sind T-förmig abgewinkelte Klebungen, deren Maße, Werkstoff und Herstellung in DIN 53281 Teil 1 und 2, deren Kenndaten in DIN 53281 Teil 3 festgelegt sind. Die Lagerbedingungen sind im Prüfbericht anzugeben.

Es sind mindestens fünf Proben zu prüfen. Zu verwenden ist eine Zugprüfmaschine nach DIN 51221 Teil 3, die mindestens den Anforderungen der Klasse 1 nach DIN 51221 Teil 1 entspricht. An der Prüfmaschine muß ein Kraft-Längenänderungs-Schreibgerät vorhanden sein.

Die Prüfung wird bei (23±2)°C, in Schiedsfällen im Normalklima DIN 50014-23/50-2, durchgeführt. Andere Prüftemperaturen nach DIN 53286 sind zu vereinbaren.

Für jede Probe sind die Dicke a der Fügeteile und die Probenbreite b auf 0,1 mm, die Klebschichtdicke d auf 0,01 mm zu messen. Jede Probe wird mit einer freien Einspannlänge von 100 mm in die Einspannklemme der Zugprüfmaschine eingespannt. Beim Schälvorgang soll die Geschwindigkeit der ziehenden Einspannklemme 15 bis 20 mm/min betragen. Das Schäldiagramm ist mit dem Schreibgerät aufzuzeichnen.

Zum Auswerten dient das Schäldiagramm nach Bild 10.4. Aus ihm wird die Anriß-Kraft F_A entnommen und daraus der Anriß-Schälwiderstand p_A in N/mm nach folgender Gleichung berechnet:

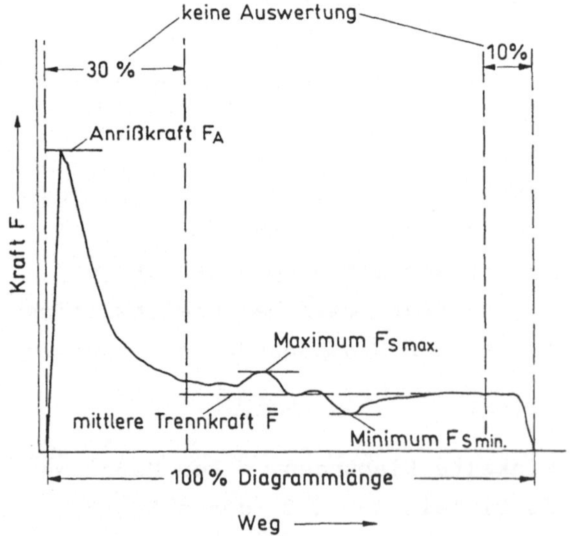

Bild 10.4: Schema eines Schäldiagramms

$$p_A = \frac{F_A}{b}$$

F_A = Anrißkraft in N,
b = mittlere Breite der Probe (Klebschicht) in mm.

Aus dem mittleren Bereich des Schäldiagramms (etwa 30 bis 90 % der Diagrammlänge) ist die mittlere Trennkraft F zu bestimmen und daraus der Schälwiderstand p_S in N/mm nach folgender Gleichung zu berechnen:

$$p_S = \frac{F}{b}.$$

Ferner sind aus diesem Bereich aus dem Maximum und dem Minimum der Trennkraft F der maximale Schälwiderstand $p_{S\ max}$ und der minimale Schälwiderstand $p_{S\ min}$ zu bestimmen. Aus den Ergebnissen einer Versuchsreihe sind die Mittelwerte für p_A und p_S zu bilden.

Prüfbericht

Im Prüfbericht sind unter Hinweis auf diese Norm anzugeben:

- Lieferbezeichnung des verwendeten Klebstoffs
- Bezeichnung des Fügeteilwerkstoffs
- Dicke a der Fügeteile in mm, auf 0,1 mm gerundet
- Prüftemperatur
- Klebflächenvorbehandlung nach DIN 53281 Teil 1
- Herstellung der Proben nach DIN 53281 Teil 2
- Kenndaten des Klebvorgangs nach DIN 53281 Teil 3
- mittlere Probenbreite in mm, auf 0,1 mm gerundet
- mittlere Dicke d der Klebschicht in mm, auf 0,01 mm gerundet
- Anzahl der Proben
- Lagerungsdauer und Lagerungsbedingungen der Proben bis zur Prüfung
- Anriß-Schälwiderstand p_A, Schälwiderstand p_S, Einzelwerte und arithmetischer Mittelwert in N/mm auf drei wertanzeigende Ziffern gerundet
- Maximaler Schälwiderstand $p_{S\ max}$ und minimaler Schälwiderstand

$p_{s\ min}$ in einer Versuchsreihe in N/mm auf drei wertanzeigende Ziffern gerundet
- Vorschubgeschwindigkeit der ziehenden Einspannklemme
- Beschreibung des Bruches (Kohäsions- oder Adhäsionsbruch)
- Mindestens ein kennzeichnendes Schäldiagramm
- Besondere Beobachtungen
- Gegebenenfalls Abweichungen von dieser Norm
- Prüfdatum

10.1.4 Der Keilspalttest nach DIN 65448

Zur Durchführung des Keilspalttests werden zwei unter Fertigungsbedingungen vorbehandelte Bleche vorgeschriebener Dicke miteinander verklebt. In die Klebung wird ein Keil (Bild 10.5) getrieben, die Rißspitze markiert und gemessen.

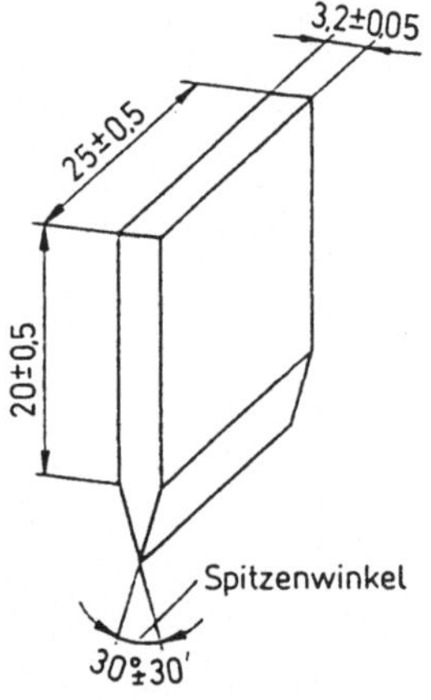

Bild 10.5: Abmessungen des Keils

Anschließend wird der so vorbereitete Probekörper in einem warmfeuchten Prüfklima ausgelagert. Die durch das Aufkeilen unter Spannung stehende Klebung reißt unter der Keilbelastung weiter.

Nach der Klimabelastung wird der Rißfortschritt markiert und gemessen, die Klebfläche getrennt und die Bruchfläche beurteilt. Der Keilspalttest ist nur anwendbar in Verbindung mit Klebstoffsystemen, die bei der Prüfung eine Anrißlänge a_0 von kleiner als 35 mm aufweisen.

Für die Ermittlung der Ausgangsriß- und Rißfortschrittsspitze ist eine optische Meßeinrichtung mit 40-facher Vergrößerung erforderlich.

Für die Ermittlung der Flächenanteile der Bruchart ist eine Meßskala mit einer Skaleneinteilung von 0,1 mm bei zehnfacher Vergrößerung zu verwenden.

Probekörper (Standard)

Für die Herstellung von Standardprobekörpern sind zwei vorbehandelte und gegebenenfalls mit Haftgrundmitteln versehene Bleche mit den Maßen 150 x 150 mm ganzflächig in gleicher Walzrichtung miteinander zu verkleben.

Es sind Probekörper mit (25±0,5) mm Breite mit einer Kreis- oder Bandsäge zu schneiden (Bild 10.6).

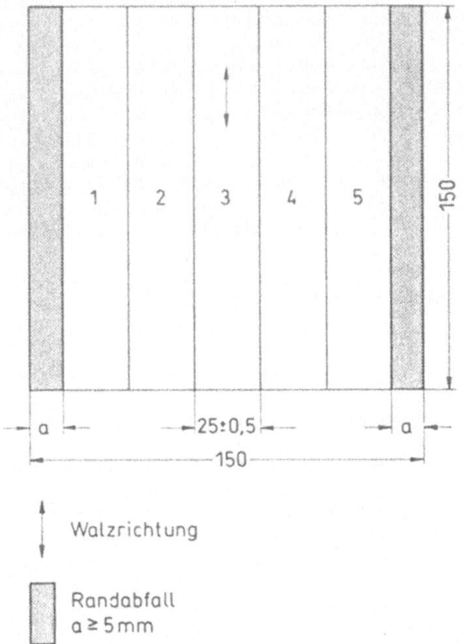

Bild 10.6: Abmessungen des zu zerschneidenden Probekörpers

Zur Ermittlung der Probekörpermarkierungen dürfen die Längsseiten der Probekörper keine Sägeriefen aufweisen (Schleifen). Die Stirnseiten der Probekörper (Keileintriebsseite) müssen bündig sein (siehe Bild 10.7). Gegebenenfalls sind diese nachzuarbeiten. Beim Bearbeiten der Probekörper ist eine Erwärmung über 80 °C nicht zulässig, das Bauteil verformungsfrei einzuspannen und als Führung zum Einbringen des Keils eine Nut einzubringen.

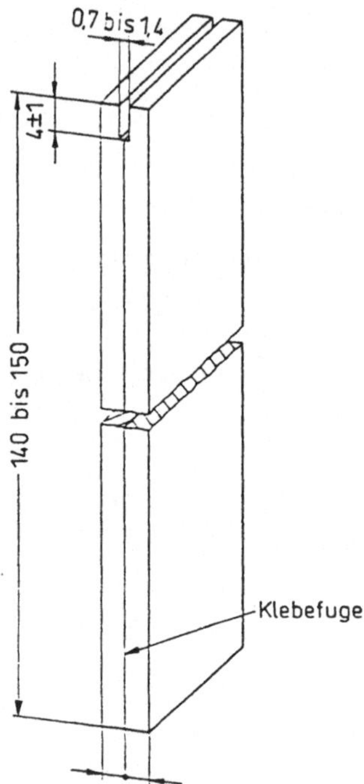

Bild 10.7: Probekörper vor dem Aufkeilen (Maße in mm)

Wird die Prüfung an Bauteilabschnitten durchgeführt, werden die vorhandenen Fügeteile durch Aufkleben entsprechender Zusatzbleche aus den gleichen Werkstoffen aufgedickt, um die vorgeschriebene Dicke pro Fügeteil zu erreichen.

Fügeteil	
Werkstoff	Dicke in mm
Al-Legierungen (z.B. 3.1364T3)	3,2
Ti-Legierungen (z.B. 3.7164.1)	2,0

Durchführung

In die zu prüfende Klebung der Probekörper sind Keile gerade einzutreiben, bis die Kanten von Keil und Probekörper miteinander abschließen (siehe Bild 10.8). Das Eintreiben des Keils muß kontinuierlich erfolgen (Eintreibzeit 10 bis 15 s).

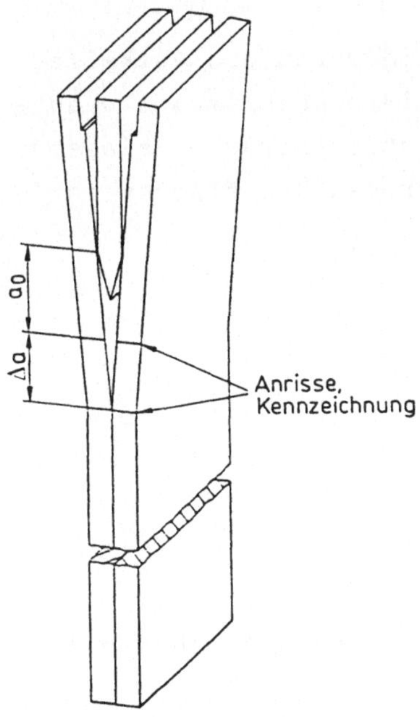

Bild 10.8: Probekörper nach dem Aufkeilen

Die beiden Längsseiten der Probekörper sind unter dem Mikroskop zu betrachten, und die Rißspitze der Klebfuge ist an beiden Kanten der Fügeteile mit einer Reißnadel o.ä. zu markieren.
Die Probekörper sind in einer Klimakammer bei (50±2)°C und einer relativen Luftfeuchte von ≥ 85 % für (75±5) min einzulagern.
Danach werden die Probekörper aus der Klimakammer entnommen, und der Rißfortschritt a wird innerhalb von 15 min nach der Entnahme markiert.
Die Ausgangsrißlänge a_0 und der Rißfortschritt a sind an beiden Kanten der Probekörper zu vermessen, die Meßwerte auf 0,5 mm auf- bzw. abzurunden. Danach wird der Mittelwert gebildet. Anschließend sind die Fügeteile an der geprüften Klebfläche der Probekörper in der ganzen Länge zu trennen.

Auswertung

Neben der Ausgangsrißlänge a_0 und dem Rißfortschritt a wird das Bruchbild zur Beurteilung der Vorbehandlung bzw. des Bauteils herangezogen.

Bruchflächenbereiche:

Beschädigung der Bruchflächen, die eindeutig durch das Aufkeilen der Probekörper - nach dem Vermessen des Rißfortschritts a - entstanden sind, werden bei der Beurteilung außer Betracht gelassen.
Zur Bruchflächenbeurteilung sind die Keilproben-Klebflächen in je zwei Bereiche aufzugliedern:

Bereich A: Rißfortschrittsbereich a + 5 mm im Restbereich.
Bereich B: Restbruchbereich.
Dieses ist die gesamte Bruchfläche mit Ausnahme des unter A beschriebenen Rißfortschrittsbereichs.

Brucharten:

Bezogen auf die Bereiche A und B werden die Bruchflächenanteile in mm^2 folgender Brucharten angegeben:
- Kohäsionsbruch,
- Adhäsionsbruch.

Prüfbericht:

Der Bericht muß unter Bezugnahme auf diese Norm folgende Angaben enthalten:

- Vollständige Angaben zum Fügeteilwerkstoff.

- Vollständige Beschreibung des Klebstoffsystems, Typ, Herstellmethode, Herstelldatum, Fertigungslosnummer, Werkstoffnorm.

- Einzelheiten zur Vorbehandlung der Fügeteile, Datum, Fertigungslos, Lage und Aufhängung im Bad.

- Verarbeitungs- und Härtungsbedingungen, Autoklav oder Presse, Preßdruck, Aufheizgeschwindigkeit, Härtungszeit, Temperatur.

- Anzahl und Maße der Probenkörper.

- Klimabedingungen, Temperatur, Feuchte, Zeitdauer.

- Anfangsrißlänge, rechts/links und Mittelwert jedes Probekörpers.

- Bruchart im Bereich A und B.

- Jede Abweichung von dieser Norm ist ausführlich zu beschreiben.

10.1.5 Der Folienschälversuch in Anlehnung an ASTM D903

Der Folienschälversuch dient zur Ermittlung der Adhäsionsfestigkeiten in einer Klebverbindung.
Eine ca. 0,1 bis 0,15 mm starke Metallfolie wird auf ein starres Fügeteil (1,6 mm Dicke) aufgeklebt und anschließend im Winkel von 180° mit konstanter Geschwindigkeit wieder abgeschält (Bild 10.9). Die dabei entstehenden Kräfte werden mit einem Schreibgerät aufgezeichnet.
Der 180°-Schälversuch ist in der Lage, mit recht hoher Empfindlichkeit Veränderungen der Oberfläche zu erfassen.

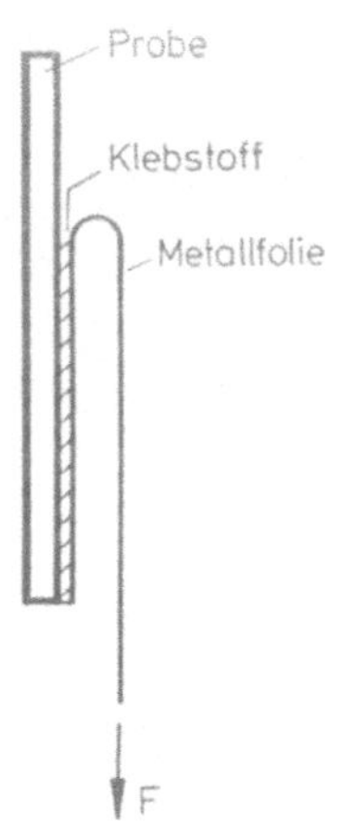

Bild 10.9: Schema des Folienschälversuchs und Schälprüfmaschine mit eingespannter Probe (Eigenbau)

10.1.6 Der Biegeschälversuch

Bei dem für Kunststoff-Metall-Verbindungen modifizierten Biegeschälversuch wird eine Kunststoffprobe mit einer Stahlprobe flächig verklebt (s. Bild 10.10) und z.T. zwischen die Fügeteile einseitig eine nicht klebfähige Folie eingelegt. Proben ohne Folie können ebenfalls verklebt werden, wenn der Klebwulst an der Stahlprobenvorderkante sorgfältig entfernt wird.

Durch Einleitung einer Prüfkraft F wird die Kunststoffprobe vom Stahlteil weggebogen. Dadurch entstehen an der Anrißlinie Spannungen, die hauptsächlich senkrecht zur Fügefläche wirken. Sie

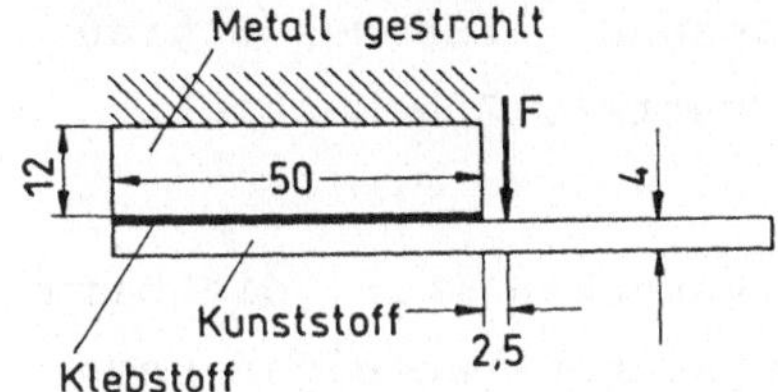

Bild 10.10: Probengeometrie für den Biegeschälversuch (Maße in mm)

werden von Schubspannungen überlagert, die maßgeblich durch die Biegung der Kunststoffprobe hervorgerufen werden. Zur Bestimmung der Verbundfestigkeit wird die jeweilige Kraft F herangezogen, die notwendig ist, um einen ersten Anriß in der Klebverbindung zu erzeugen und auf die Breite des Anrisses (= Probenbreite) bezogen (Keileintriebskraft F_{max}, Biegeschälwiderstand P_b in N/mm). Die Prüfgeschwindigkeit beträgt wie beim Zugscherversuch 5 mm/min.

10.1.7 Normauszüge - Sonderprüfungen

Losbrechversuch an geklebten Gewinden DIN 54454

Der Versuch nach dieser Norm dient zur vergleichenden Beurteilung von - vorwiegend anaeroben - Klebstoffen für Gewindeverbindungen. Ausgenommen sind Klebstoffe, die sich in Form von Vorbeschichtungen auf den Gewinden befinden.

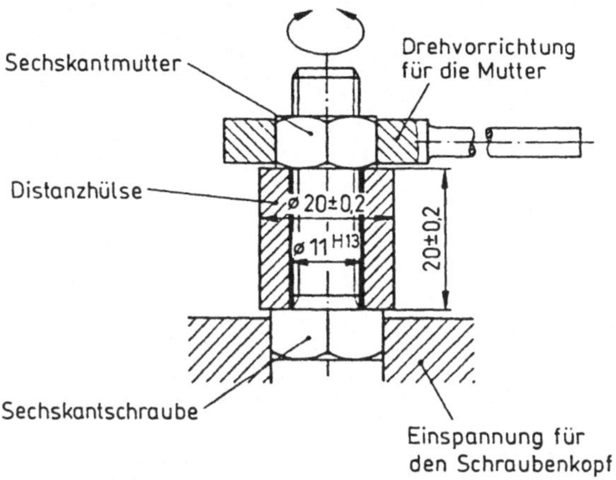

Bild 10.11: Prüfeinrichtung (schematisch) und Form sowie Maße der Probe in mm

Die Prüfeinrichtung besteht aus einer Einspannung für den Schraubenkopf und einer Drehvorrichtung für die Mutter, Schema siehe Bild 10.11.

Die Drehvorrichtung muß mit Meßwertgebern versehen sein, die beim Anziehen der Mutter das erforderliche Anzugsmoment anzeigen und beim Losdrehen der Mutter eine Messung und Registrierung in Abhängigkeit vom Drehwinkel ermöglichen (Bilder 10.12, 10.13).

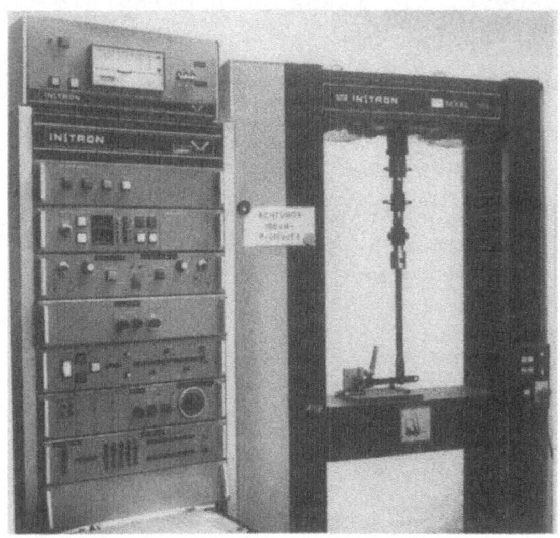

Bild 10.12: Universalprüfmaschine mit Einspannvorrichtung

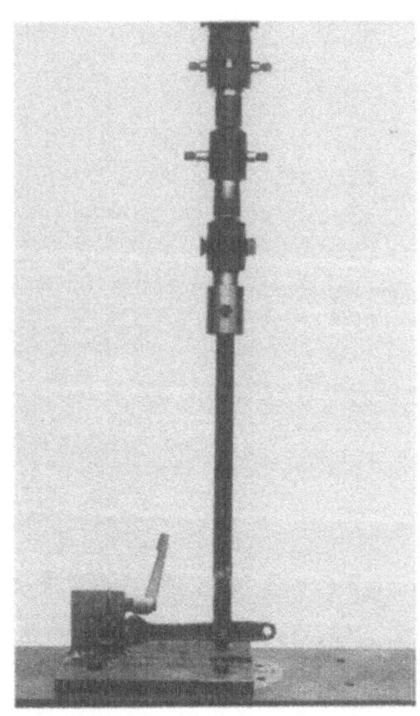

Bild 10.13: Ausschnitt aus Bild 10.12

Geräte: Drehmomentschlüssel
DMS und Zubehör
oder
Universalprüfmaschine (Bild 10.12)
Einspannvorrichtungen (Eigenbau) (Bild 10.13)

10.1.8 Der Druckscher-Versuch nach DIN 54452

Der Druckscher-Versuch dient nach dieser Norm zur Ermittlung der Scherfestigkeit vorwiegend anaerober Klebstoffe und der vergleichenden Beurteilung ihrer Scherbeanspruchbarkeit, wie sie durch andere Versuche, z.B. Zugscherversuch nach DIN 53283, nicht ermittelt werden kann (siehe Bilder 10.14, 10.15).

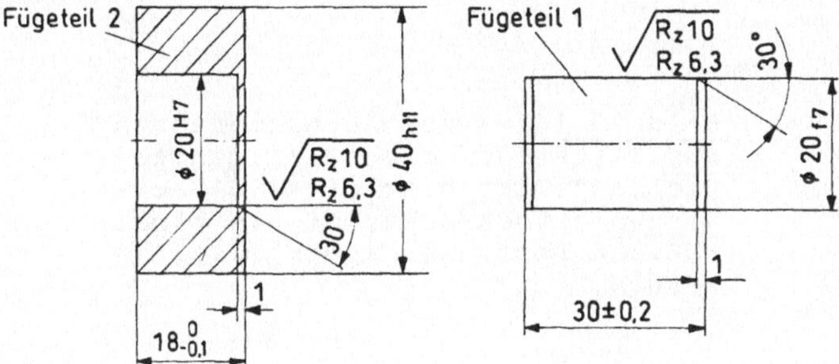

Bild 10.14: Form und Maße (in mm) der Fügeteile

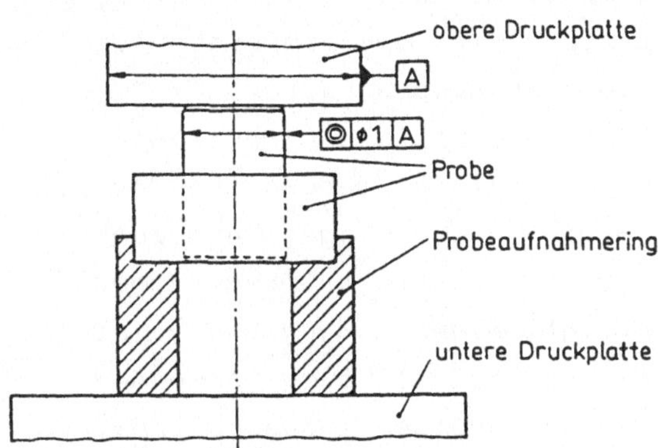

Bild 10.15: Prüfanordnung

10.1.9 Prüfung der Zeitstandfestigkeit DIN 53284

Die Prüfung der Zeitstandfestigkeit ist eine von vielen dynamischen Langzeitbeanspruchungen.

Es wird die Zeitstand- und die Dauerfestigkeit von ein überlappten Klebverbindungen bei konstanter Zugbeanspruchung (Bild 10.16) und die Fügeteilverschiebung gemessen.

Bild 10.16: Probenaufnahmerahmen für Zeitstandversuche (Eigenbau). Die Last wird hier mittels Sackwaagen aufgebracht, die in regelmäßigen Abständen kontrolliert werden.

10.1.10 Kritik der Versuche

Alle genannten technologischen Prüfverfahren für Klebverbindungen haben zwei wesentliche Mängel. Erstens sind die Prüfergebnisse von der Geometrie der Fugen und von den Eigenschaften der Fügeteilwerkstoffe abhängig. Die an Proben ermittelten Festigkeitswerte lassen sich daher nicht genau auf Verbindungen anderer Werkstoffe und Abmessungen oder auf Bauteile übertragen, und auch komplizierte mathematische Ansätze für derartige Umrechnungen haben bisher nur wenig Erfolg gezeigt. Einen Ausweg bietet hier vielleicht die Bruchmechanik, die sich auf Klebfugen anwenden läßt und Form- sowie vom Fügeteil unabhängige Versagenskennwerte der Klebstoffe liefert. Zweiter Nachteil der hier beschriebenen Prüfverfahren ist die notwendige Idealisierung der Belastungsverhältnisse. Gleichmäßig zunehmende Last bis zum Bruch eines Bauteils tritt in der Praxis ebenso selten auf wie gleichbleibende statische Dauerlast oder gleichbleibende sinusförmige Schwinglast.

Dennoch reichen die genormten Prüfverfahren aus, um sich ein recht umfassendes Bild über die Eigenschaften und die Leistungsfähigkeit von Metallklebverbindungen zu verschaffen.

An die Prüfverfahren sollte sich eine Bruchflächenanalyse anschließen. Die Festigkeitswerte (Anfangsfestigkeiten und Festigkeiten nach einer Alterung) <u>allein</u> reichen bei weitem nicht aus, um eine genaue Aussage über den Klebverbund zu treffen. Bild 10.17

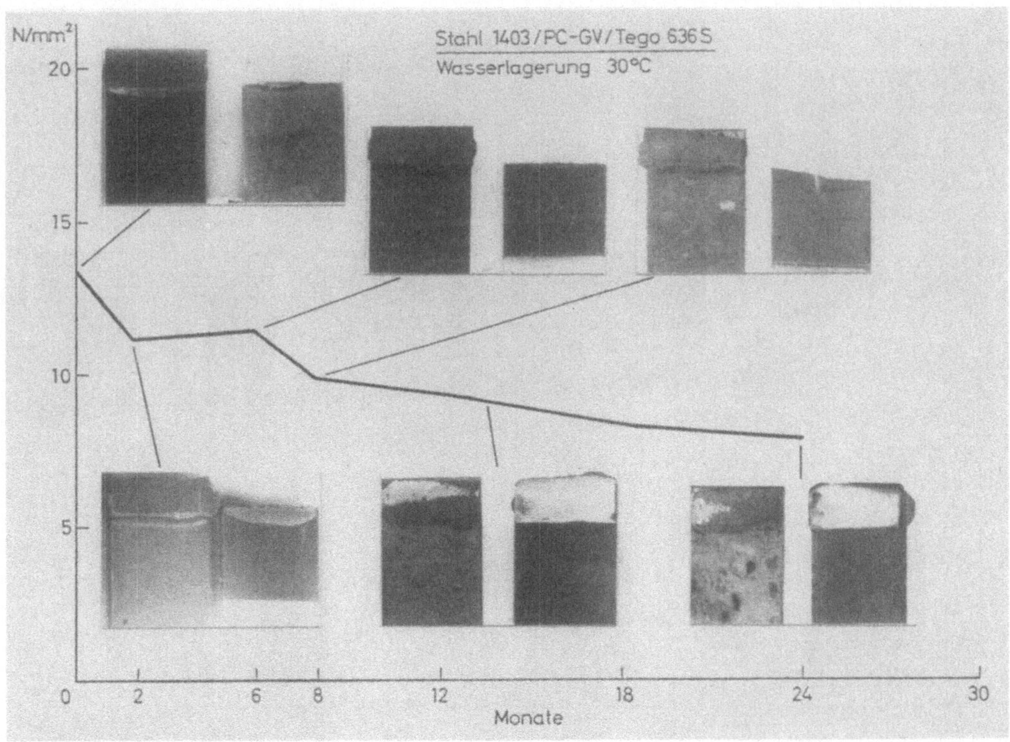

Bild 10.17: Zugscherfestigkeiten in Abhängigkeit von der Alterungszeit sowie fotographische Darstellungen der Bruchflächen. Fügeteil St1403 geschliffen, Polycarbonat glasfaserverstärkt, Klebstoff Tegopur 1636S, Wasserlagerung bei 30 °C

zeigt einen graphisch dargestellten Festigkeitsverlauf einer Stahl-Kunststoff-Klebung. Als Klebstoff diente hier ein 2K-PU-Klebstoff, die Alterung wurde bei 30 °C in Wasser vorgenommen.

Betrachtet man nun die Festigkeitswerte nach 8 und 12 Monaten, so ist kein wesentlicher Festigkeitsverlust feststellbar. Zieht man jedoch die Bruchfächenbeurteilung hinzu (bei 8 Monaten: 40 % Fügeteilbruch, 5 % Adhäsionsbruch am Stahl und 55 % Adhäsionsbruch am Kunststoff; bei 12 Monaten: 75 % Adhäsionsbruch am Stahl, 15 % Kohäsionsbruch und 10 % Fügeteilbruch), so ist eine deutliche Zunahme des Adhäsionsbruchanteils am Stahl zu erkennen.

Auch muß leichte Korrosion am gealterten Fügeteil nicht sofort einen Festigkeitsabfall oder sogar Zerstörung der Klebung (s. Bild 10.18) nach sich ziehen.

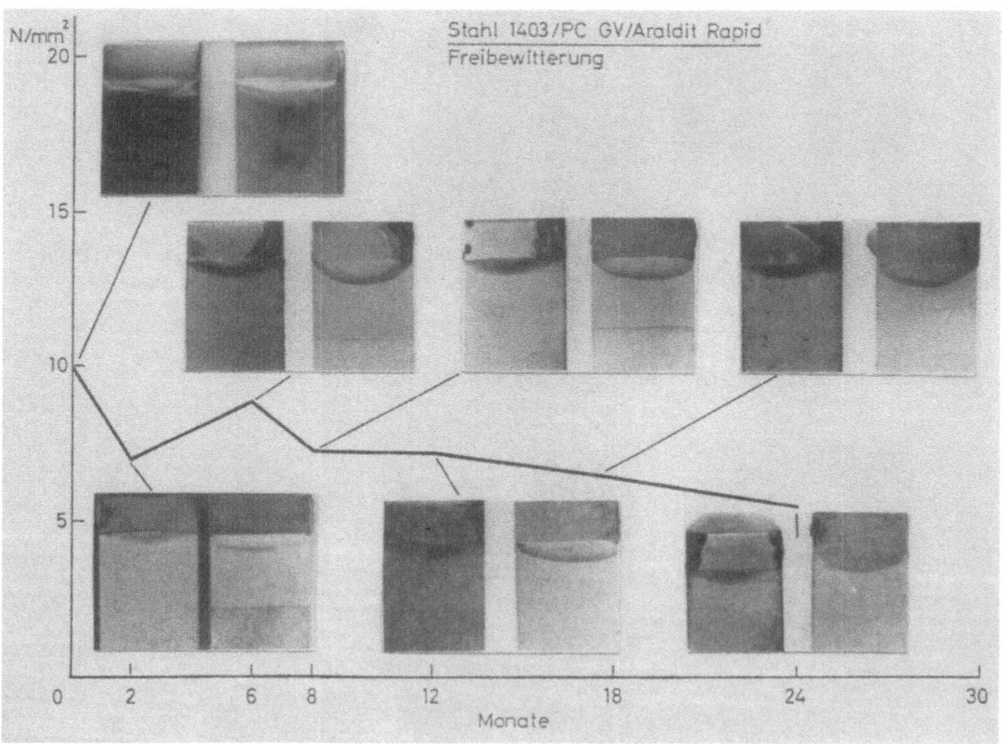

Bild 10.18: Zugscherfestigkeiten in Abhängigkeit von der Alterungszeit sowie fotographische Darstellungen der Bruchflächen. Fügeteil wie in Bild 10.17, Klebstoff Araldit Rapid, Freibewitterung

10.2 Zerstörungsfreie Prüfverfahren

Die Fertigungskontrolle mit zerstörenden Prüfungen ist nicht immer ausreichend, werden diese Untersuchungen doch an Vergleichsproben und nicht an dem eigentlichen Produkt durchgeführt. Daraus ergibt sich zwangsläufig die Unvollkommenheit dieser Prüfmethodik, da die Festigkeit der Prüfkörper nicht unbedingt die Festigkeit des Bauteils wiederspiegelt. Dieses war der Grund für die Entwicklung zerstörungsfreier Prüfverfahren für Klebverbindungen.

Am weitesten sind zum zerstörungsfreien Prüfen von Metallklebungen Ultraschallprüfgeräte auf der Basis des Frequenz- bzw. des Impuls-Echo-Verfahrens verbreitet. Im ersten Falle wird meistens mit dem Fokker-Bond-Tester gearbeitet. Bei Geräten dieser Art mißt man die Änderung der Eigenschwingungscharakteristik eines Schwingers in Abhängigkeit von Frequenz und Amplitude, die ein angekoppelter Prüfkörper, also hier die Klebfuge, verursacht. Die Änderung der Eigenschwingung führt zu Rückschlüssen auf die Qualität von Metallklebungen und Leichtkernplatten. Der Nachweis von Klebfehlern wird durch Vergleiche von Standardproben mit definierten Fehlern geführt.

Die Prüfgeräte sind seit Jahren erprobt und einfach zu handhaben (Bild 10.19). Gemessen werden können der Aushärtungsgrad der Klebschicht, die Existenz von Poren oder Blasen, Benetzungsfehler zwischen Klebstoff und Metall sowie die Klebschichtdicke.

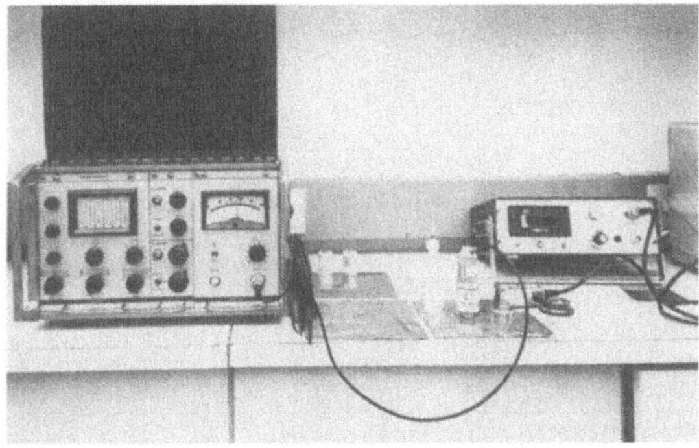

Bild 10.19: Fokker-Bond-Tester

Bei der zweiten Meßmethodik werden in den plattenförmigen Prüfkörper Longitudinalwellen unter Winkeln von ca. 50 bis 56° bei einer Prüffrequenz von 2 MHz eingeleitet. Diese Winkel sind gerade für Klebverbindungen geeignet. Die Schwingungen versetzen den Prüfling in Resonanzschwingungen, wodurch sich deutliche Echobilder von den Prüfkörperkanten am Ende der Klebfuge erreichen lassen. Deren Größe ist von der Dämpfung der Wellenausbreitung im Stoß abhängig. Diese Dämpfung gilt als Qualitätsmaß der Klebung. Verstärkungen des Echos auf das Niveau des Eingangsimpulses ermöglichen, die Verstärkung als Maßzahl in Dezibel (dB) anzugeben (Bild 10.20). Mit diesem Verfahren lassen sich die gleichen Klebfehler wie mit dem Fokker-Bond-Tester nachweisen.

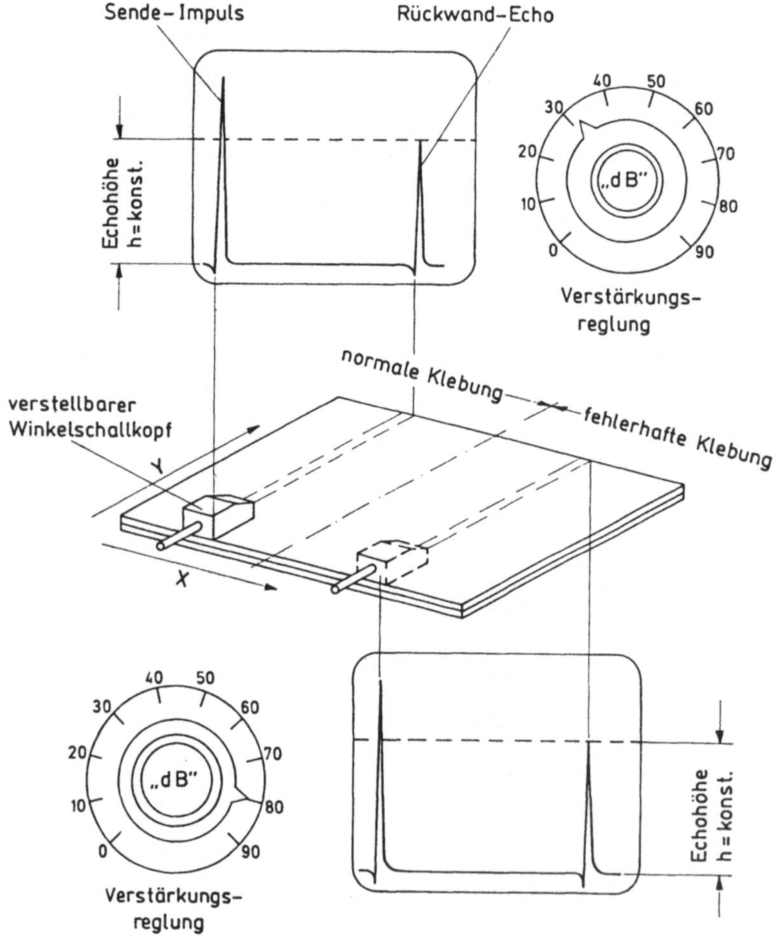

Bild 10.20: Schema des Impuls-Echo-Verfahrens

Ein vergleichbares, wesentlich einfacheres, wenngleich auch ungenaueres Verfahren besteht im Abklopfen von Kleb- bzw. Leichtkernverbunden mittels mechanischer Klopfgeräte, sog. "Klopfspechte". Abweichungen der Klopfgeräusche deuten auf Fehler im Bauteil hin. Allerdings können so nur größere Fehler ermittelt werden.

Eine weitere Möglichkeit, Klebfehler zerstörungsfrei zu finden, besteht darin, durch Fehlstellen verursachte Unterschiede des Wärmeflusses in der Klebfläche sichtbar oder meßbar zu machen. Die Meßsysteme müssen so empfindlich sein, daß Temperaturunterschiede auf der Klebungsoberfläche von 0,1 bis 0,5 °C bestimmt werden können. Dazu kann die Klebung mit Infrarotstrahlen erwärmt werden und Unterschiede in der Wärmeleitfähigkeit mit speziellen, kostspieligen Kameras auf Infrarotphotographien sichtbar gemacht werden. Das Erwärmen oder Abkühlen muß jedoch aufgrund der guten Wärmeleitfähigkeit der Metalle schockartig entstehen.

Temperaturunterschiede auf Oberflächen lassen sich aber auch mit einfachen Mitteln sichtbar machen. Spezielle Chemikalien zeigen zwischen 20 bis 80 °C bei definierten Temperaturen einen Farbumschlag, der auf Unterschiede der Klebqualität hindeutet. Auch hierbei ist jedoch ein schockartiges Erwärmen notwendig, was in der Praxis Schwierigkeiten bereitet.

10.3 Qualitätssicherung für Klebverbindungen

Die Qualitätssicherung von Klebstoffen und Klebverbunden ist für eine große Zuverlässigkeit dieser Fügetechnik von elementarer Bedeutung. Dieses gilt sowohl für die angelieferten und dann gelagerten Klebstoffe als auch für die Fertigung der Klebkonstruktionen. Allgemein gilt die Regel, daß eine Klebung einen Fehler nie verzeiht. So können fehlerhafte Klebungen manchmal erst nach langer Zeit versagen, ohne daß vorher ein Auftreten des Versagens sich ankündigt. Das schwerwiegendste Problem der Qualitätssicherung besteht darin, daß ein vollständiges zerstörungsfreies Prüfen der Klebverbunde nicht möglich ist. Somit müssen diesbezüglich Alternativen herangezogen werden. Die Qualitätskontrolle kann in verschiedene Bereiche gegliedert werden:

10.3.1 Eingangskontrolle

Die angelieferten Klebstoffe sind zunächst deutlich sichtbar mit dem Eingangsdatum zu versehen. Werden in der Fertigung viele unterschiedliche Klebstoffe über einen längeren Zeitraum eingesetzt, bietet sich ein exaktes Katalogisieren incl. Erfassen von Klebstoffentnahmen an. Die Lagerungsbedingungen und -beständigkeiten sind den Datenblättern zu entnehmen und genau einzuhalten.

Die Klebstoffe sind dann chemisch und physikalisch zu kontrollieren. Für Epoxidharzklebstoffe bietet sich z.B. die Bestimmung der Epoxidzahl an. Auf jeden Fall sollte die Viskosität und das Fließverhalten des ungehärteten Klebstoffs überprüft und mit den Angaben im jeweiligen Datenblatt verglichen werden. Bei eklatanten Abweichungen ist der Klebstoff zu reklamieren und umzutauschen. Bei längerem Lagern des Klebstoffs ist dieses Verhalten vor dem Anwenden zu überprüfen, um zu verhindern, daß ein überlagerter Klebstoff zum Einsatz kommt. Ein solcher Klebstoff kann bei Beanspruchungen zum frühzeitigen Versagen der Klebung führen.

Neben den Klebstoffen sind auch die anderen Hilfsstoffe zu kontrollieren. So gilt für die Entfettungsmittel die Kontrolle bzgl. ihrer Reinheit. Dies ist auch schon bei der Anlieferung zu beachten, mehr aber noch nach mehrmaligem Gebrauch. Wie bereits erwähnt, ist Entfetten mit verunreinigten Entfettungsbädern häufig zwecklos, da bei Entnahme der zu verklebenden Fügeteile diese häufig wieder mit Ölen etc. überzogen werden. Die Reinheitskontrolle des Strahlguts ist ebenfalls unerläßlich, da verunreinigtes Strahlgut ein klebtechnisch schädigendes Beschichten verursacht.

Die Fügeteile selbst sind auch zu kontrollieren, was im besonderen für die Oberflächen gilt. Dieses erfolgt in der Regel durch Sichtkontrolle. Es bietet sich aber auch eine Bestimmung der Korrosionsschutzöl-Beschichtung an.

10.3.2 Kontrolle der Vorbehandlung

Wie bereits erwähnt, sind die Reinigungsbäder bei mehrfachem Gebrauch chemisch zu kontrollieren. Ein einfacheres Kontrollieren kann durch Sichtkontrolle auf grobe Verunreinigungen erfolgen. Aufwendiger, aber häufig notwendig sind Analysen auf Fremdsubstanzen.

Für die Kontrolle des nachfolgenden Klebvorgangs können Versuchskörper für die mechanische Prüfung in der Produktion hergestellt werden. Die einfachsten Probenformen wären in diesem Zusammenhang Keilspalt- oder Schälproben, bei Vorhandensein entsprechender Prüfmaschinen auch Zugscherproben.

Die Oberflächeneigenschaften sind zu messen. Im einfachsten Fall erfolgt dies durch Sichtkontrolle, wobei sich die Zuhilfenahme eines Mikroskops dringend anbietet. Fehler des Vorbehandelns sind bereits jetzt nachweisbar. Aufwendigere Verfahren für die Oberflächenkontrolle sind die Elektronenmikroskopie sowie instrumentelle Oberflächenanalytik.

Die verschiedenen Prozesse der Oberflächenvorbehandlung sind durch Dokumentation der einzelnen Teilschritte festzuhalten (Datum, Vorgehensweise, Bearbeiter etc.). Nur so sind etwaige Fehler in der Produktion nachzuvollziehen, am besten einzukreisen und auszumerzen.

Gerade der zuletzt beschriebene Teil der Oberflächenvorbehandlung verdeutlicht, wie wichtig die Ausbildung und Sorgfalt im Arbeiten der Beschäftigten ist. Viele Probleme beim Kleben sind auf menschliche Fehler in der Fertigung zurückzuführen. Ein Teilautomatisieren löst auch nur einen Teil möglicherweise auftretender Probleme.

10.3.3 Kontrolle des Klebvorgangs

Gerade hier, wie auch schon bei der Oberflächenvorbehandlung, ist die Ausbildung und Sorgfalt der Beschäftigten von elementarer Bedeutung. Daher ist auf die Auswahl der Arbeitnehmer an dieser Stelle ein besonderes Augenmerk zu richten.

Die Arbeit dieser Beschäftigten kann durch ein sinnvolles Automatisieren erleichtert werden. Dieses kann beispielsweise durch Bereitstellen automatischer Misch- und Klebstoffauftragsgeräte geschehen.

Während des Klebvorgangs in der Fertigung sind aus den verwendeten Materialien Probekörper herzustellen. Es bieten sich hier die bereits erwähnten Zugscher-, Keilspalt- oder Schälproben an. Wichtig ist die Gleichheit der eingesetzten Materialien von Bauteil und Probekörpern. Ferner ist es unerläßlich, mit zerstörenden Prüfungen stichprobenartig geklebte Teile der Fertigung zu entnehmen und diese hinsichtlich ihrer mechanischen Eigenschaften zu überprüfen.

In gleicher Weise wie bei der Oberflächenvorbehandlung sind die einzelnen Fertigungsschritte zu protokollieren. Nur so lassen sich fehlerhafte Klebungen auf den Fehlerherd zurückführen.

10.3.4 Kontrolle des geklebten Bauteils

Die Kontrolle der geklebten Konstruktion ist eines der schwierigsten Probleme der gesamten Klebtechnik. Zerstörungsfreies Prüfen ist nur bedingt möglich, und die erhaltenen Aussagen sind mit aller Vorsicht zu interpretieren. Sämtliche bekannten zerstörungsfreien Prüfverfahren gestatten es, direkte Fehler wie beispielsweise Poren und Blasen sowie auf mangelhafte Benetzung zurückzuführende Trennungen zwischen Klebstoff und Fügeteil nachzuweisen. Aussagen über andersartige Fehler und Festigkeitsschwankungen lassen die zerstörungsfeien Prüfungen nicht zu. An zerstörende Stichprobenkontrollen sollte sich ein Prüfen der Beständigkeit anschließen. Dieses kann durch beschleunigte Alterungstests wie Salzsprühtests, Klima- oder Wasserlagerung geschehen. Das Zerstören von Probeklebungen bzw. einzelnen Bauteilen läßt nur Analogschlüsse zu.

Allgemein läßt sich zusammenfassen, daß ein vollständiges zerstörungsfreies Prüfen von Klebverbindungen nicht möglich ist und deshalb auf vergleichende Kontrollen von materialidentischen Proben zurückgegriffen werden muß. Daher muß größter Wert auf die Ausbildung, das Verantwortungsbewußtsein und die Sorgfalt des klebtechnisch Beschäftigten gelegt werden. Zum Teil, aber nur zum Teil kann ihnen dieses durch Teilautomatisieren abgenommen werden. Natürlich müssen auch die Automaten und sonstigen Hilfsmittel kontrolliert und gewartet werden. Die mehrfach angesprochene lückenlose Dokumentation aller Arbeitsschritte und aller Fertigungsparameter erlaubt bei Qualitätsproblemen eine rasche Fehleranalyse.

10.3.5 Qualitätssicherung vor und während des Klebprozesses (stichwortartig)

1. Grundwerkstoff - Fügeteil

1.1 Visuelle Beurteilung

Grat an den Kanten	- entfernen
Rost	- Fügeteile sind zu verwerfen
Fügeteile verbogen	- eventuell richten - gegebenenfalls Fügeteile verwerfen
grobe Schmutzreste (Sand, Öl, Stempelfarbe, Schleifstaub etc)	- rückstandslos entfernen (lösemittelgetränkter Lappen)
Kerben innerhalb der Klebfläche	- Fügeteile sind zu verwerfen
bei beschichteten (z.B. verzinkten)	

Fügeteilen - Beschädigung innerhalb der Klebfläche	- Fügeteile sind zu verwerfen
undefinierte Rückstände auf der Oberfläche	- Fügeteile sind zu verwerfen

1.2 <u>Vorbehandlung</u>

a) Lösemittelentfetten
(siehe Abschn. 2.2.1)

Vorreinigung mit einem lösemittelgetränkten Lappen	- Lappen muß fusselfrei sein
Reinigung in einem Ultraschallbad (senkrechte Fügeteillage)	- Lösemittel kontrollieren (Fettfilm etc.) - gegebenenfalls austauschen
Fügeteile aus dem US-Bad entnehmen und vollständiges Abdampfen des Lösemittels garantieren	- Ofenlagerung bei 40 bis 50°C ca. 20 min Keinen Ofen verwenden, der für Klebstoff-, Primer- oder Lackhärtung genutzt wird; Rückstände können ein Verkleben unmöglich machen
Fügeteile vor erneuter Verschmutzung schützen	- nicht mit bloßen Händen berühren - staubfrei lagern

b) mechanische Vorbehandlung

Aufrauhen der Oberfläche Schleifen, Bürst-	- Schleifrichtung quer zur späteren Beanspruchungsrichtung der Klebung - alternativ: Kreuzschliff

Schleifen (siehe Abschn. 2.1.1 und 2.1.2)	- Schleifstaub gegebenfalls mit ölfreier Preßluft entfernen - kein anschließendes Entfetten mit Lösemittel erforderlich - Fügeteile vor dem Verkleben ca. 2 Std. "ruhen" lassen (siehe Abschn. 2.1.1) und vor erneuter Verschmutzung schützen - nicht mit bloßen Händen berühren
Strahlen (siehe Abschn. 2.1.1)	- Strahlmittel regelmäßig auf Verschmutzung (Lackreste, Rost etc.) kontrollieren - dünne Fügeteile vor Verbiegung schützen (beidseitig strahlen, Fügeteile mit dickerem Blech hinterlegen etc.) - Strahlrückstände restlos entfernen (ölfreie Preßluft) - kein anschließendes Entfetten mit Lösemittel erforderlich - Fügeteile vor dem Verkleben ca. 2 Std. "ruhen" lassen (siehe Abschn. 2.1.1) und vor erneuter Verschmutzung schützen

c) chemische Vorbehandlung

alkalisches Reinigen mit Almeco 18 (siehe Abschn. 2.2.2/3 und Abschn. 3.3) Chemoxal I (siehe Abschn. 3.2)	- Reinigungslösung ist regelmäßig auf Verschmutzung zu kontrollieren, gegebenenfalls ist die Lösung zu ersetzen - Badtemperatur kontrollieren - Bewegung des Bades kontrollieren - Bodensätze sind gründlich aufzurühren
alkalisches Beizen mit Almeco 51 (siehe Abschn. 2.2/3 und Abschn. 3.4)	- Reinigungslösung nie auf den Fügeteilen antrocknen lassen - Sehr stark verschmutzte Teile einer alkalischen Vorreinigung, z.B. einer alten Reinigungslösung, unterziehen

- Verdampftes Wasser ist regelmäßig zu ersetzen
- Abzug dringend erforderlich

Beizen in Chrom-Schwefelsäure

CSA (siehe Abschn. 2.2.4 und 3.6)
FPL (siehe Abschn. 2.2.5 und 3.7)

- geeignete Beizbehälter wählen (Glas)
- Badtemperatur exakt einhalten
- Sollte sich während des Beizprozesses die Badtemperatur um ± 5°C verändern, sind die Fügeteile zu verwerfen (undefinierte Oxidschicht) !
- Beizzeit exakt einhalten (siehe Abschn. 2.2.4)
- für ausreichende Bewegung des Beizbades sorgen
- Oxidstrukturen im Anschluß an den Beizprozeß kontrollieren,
  a. visuelle Beurteilung
  b. Untersuchungen am REM
     bei ca. 20 bis 30.000facher Vergrößerung

  Ist die Oxidschicht nicht geschlossen - Fügeteile verwerfen
- Ist eine Farbänderung der Beizlösung von dunkelbraun auf grün erkennbar, ist es sofort zu ersetzen. Der Gehalt an Chrom-VI-Oxid ist zu niedrig.
- Sollte die Beizlösung mit niedrig legierten Stählen in Berührung gekommen sein, ist sie ebenfalls sofort zu ersetzen.
- Um Verschmutzungen der Beizlösung zu vermeiden, ist für eine geeignete Abdeckung zu sorgen.
- Verdampftes Wasser ist regelmäßig zu ersetzen.

c) chemische Vorbehandlung

Anodisieren

- geeignete Badgeometrie wählen (Abstand Anode/Kathode)

CAA (siehe Abschn. 2.2.5 und 3.5) PAA (siehe Abschn. 2.2.7 und 3.8)	- geeignete Beizbehälter - Badtemperatur exakt einhalten, eventuell Kühleinrichtungen vorsehen - sollte sich während des Anodisierprozesses die Badtemperatur um mehr als 5°C erhöhen (bei Serienfertigung oft der Fall), so sind die Proben zu verwerfen; (undefinierte Oxidschicht!) - Anodisierzeiten exakt einhalten, eventuell eine computergesteuerte Anlage verwenden - Bewegung des Bades kontrollieren - Sollte die Anodisierlösung mit niedrig legierten Stählen in Berührung gekommen sein, ist die Lösung zu ersetzen. - Um Verschmutzungen des Bades zu vermeiden, ist für eine geeignete Abdeckung zu sorgen (Glas- oder Kunststoffplatte bzw. Kunststoffkugeln) - Kathoden von Zeit zu Zeit säubern (z.B. abschleifen) - Halterungen der Fügeteile wenn möglich nicht aus V_2A (Aluminium oder Aluminiumlegierungen - Kosten- und Gewichtsfrage) - Aluminiumhalterungen der Fügeteile, die in die Anodisierlösung ragen, von Zeit zu Zeit mit NaOH-Lösung säubern oder abschleifen - Anschlüsse für die Stromführung im Anoden- bzw. Kathodenbereich von Verunreinigungen (getrockneter Anodisierlösung o.ä.) befreien - Oxidstruktur im Anschluß an den Anodisierprozeß kontrollieren - Verdampftes Wasser ist regelmäßig zu ersetzen

GS (siehe Abschn. 2.2.8 und 3.9)	- Punkte wie bei CAA + PAA - hier ist darauf zu achten, daß eine Blei-Kathode verwendet wird, die von Zeit zu Zeit abgeschliffen werden muß.
Spülen (siehe Abschn. 2.2.9)	- Spüleinrichtung mit Wasseranschluß (kalt) Spritzspülen Spülen in geeignet großen, wenn möglich Keramik-Becken, mit ausreichendem Wasseraustausch - Nach dem CSA, FPL, CAA, PAA und GS ist es empfehlenswert, mit entionisiertem gegebenenfalls in destilliertem Wasser zu spülen - Vor und nach den alkalischen Reinigungs- und Beizbädern sollte das Spülwasser mit z.B. Phenolphtaleinlösung oder pH-Elektroden auf Alkalität geprüft werden. - Fügeteile mit "Spülfehlern" (Trockenflecke, getrocknete Beizlösungen etc.) müssen nochmals den kompletten Spülvorgang durchlaufen - Sollten sich die "Spülfehler" wie oben nicht entfernen lassen, sind die Fügeteile zu verwerfen - Auf gar keinen Fall sind die "Spülfehler" mit einem Lappen o.ä. zu entfernen - Zerstörung der aufgebauten Oxidschichten !!! - Nach dem PAA schließt sich ein Spülen im warmen destillierten Wasser an.

2. Klebstoffverarbeitung
(siehe Abschn. 8.1. bis 8.4)

2.1 2- bzw. Mehrkomponenten-Klebstoffe

Verfallsdatum überschritten	- Nachspezifikation durch den Hersteller möglich
Komponenten lassen sich schwer aus den Originalgebinden entnehmen	- leichtes Erwärmen z.B. in einem Ofen möglich, Datenblatt beachten!
Komponenten lassen sich schwer vermischen	- leichtes Erwärmen möglich, aber Vorsicht - Topfzeit verkürzt sich erheblich! - Datenblatt beachten!
Klebstoffgemisch sehr blasig	- langsamer rühren - Topfzeit beachten - Klebstoffgemisch kurze Zeit bei Raumtemperatur offen stehen lassen ' Blasen steigen an die Oberfläche - Klebstoffgemisch kurze Zeit in einen Exsikkator (evakuieren) ' Blasen steigen an die Oberfläche ' Topfzeit beachten
Klebstoffgemisch erwärmt sich mit der Zeit oder "schäumt" auf	- Härtungsprozeß hat eingesetzt ' Gemisch ist nicht mehr gebrauchsfähig - Mischungsverhältnis kontrollieren - Klebstoffansatz geringer wählen - Verarbeitungstemperatur zu hoch (an besonders heißen Tagen im Sommer läßt sich z.B. Araldit Rapid AW 2104 mit dem Härter HW 2934 nicht mehr von Hand verarbeiten, die Topfzeit liegt dann bei 30 bis 45 s!)

Klebstoff "rollt" sich beim Auftrag auf dem Fügeteil wieder auf	- Verfallsdatum kontrollieren - Mischungsverhältnis kontrollieren - Härtungsprozeß hat eingesetzt - Oberflächenvorbehandlung der Fügeteile kontrollieren (Öl, Staub etc.)

2.2 Klebfilme

Verfallsdatum überschritten	- Nachspezifikation durch den Hersteller möglich
Beschädigung der Abdeckfolien	- bei starker Beschädigung ist der Klebstoff an diesen Stellen nicht zu verwenden (Verunreinigung des Klebfilms)
Klebfilm liegt als Meterware (große Rolle o.ä.) vor	- auf Verarbeitungsgrößen zerschneiden, in Folien einschweißen und alle Kenndaten des Klebfilms auf den Verpackungen vermerken - nie für kleinere Gebrauchsmengen die gesamte Rolle auftauen, da sich die Haltbarkeit der Klebfolie mit jedem Auftauen auf Raumtemperatur stark verringert
Kondenswasserbildung innerhalb der Verpackung; Verpackung undicht	- Klebfilm ist zu verwerfen (Wasser ist in unkontrollierbarer Menge in den Klebstoff eindiffundiert!)
Fingerabdrücke auf dem Klebfilm	- Klebfilm ist unbedingt zu verwerfen (Natriumchlorid (Kochsalz) von der Haut fördert die Korrosion!)
Abdeckfolien kassen sich schwer abziehen	- ruckartig abziehen bzw. langsam abschälen

3. Primer
(siehe Abschn. 8.7)

3.1 Probleme bei der Eingangskontrolle

Verfallsdatum überschritten	- Nachspezifikation durch den Hersteller möglich - Andernfalls ist der Primer als Sondermüll abzuführen
Originalgebinde defekt	- Primer als Sondermüll abführen
Originalgebinde korrodiert	- Primer als Sondermüll abführen
Original deformiert	- Hersteller konsultieren - Probeprimerung erstellen - Innenseiten der Originalgebinde auf eventuell vorhandene Korrosion prüfen
Kein Bodensatz bei pigmenthaltigen Primern	- Probeprimerung erstellen - Hersteller konsultieren

3.2 Probleme bei der Verarbeitung

Bodensatz läßt sich nicht aufrühren	- Verfallsdatum kontrollieren - Probeprimerung erstellen - Hersteller konsultieren - gegebenenfalls Primer als Sondermüll abführen
Primer "läuft" vom Fügeteil herunter; keine geschlossene Primerschicht; Fügeteile nach dem Primern fleckig	- Verfallsdatum kontrollieren - Kontrolle Primer ausreichend aufgegerührt - Spritzverfahren (Abstand Probe - Primerauftragsgerät) variieren - Spritzwinkel variieren

- Primerauftrag ändern: pinseln, tauchen oder airless-(luftlos) spritzen
- Hersteller konsultieren
- geprimertes Fügeteil verwerfen
- Primer als Sondermüll abführen lassen

3.3 Probleme nach dem Härten

Problem	Maßnahmen
Primer noch weich bzw. "klebrig"; starker Lösungsmittelgeruch	- Verfallsdatum kontrollieren Kontrolle Primer ausreichend aufgerührt (Feststoffe am Gebindeboden) - Trocknungs- und Härtungsparameter kontrollieren - Spritzverfahren kontrollieren - Oberflächenvorbehandlung des Fügeteils kontrollieren - nach vorheriger Absprache mit dem Hersteller eventuell Härtungstemperatur erhöhen - gegebenenfalls geprimertes Fügeteil verwerfen
Primer läßt sich nach dem Härten vom Fügeteil abziehen (wie eine Folie)	- Verfallsdatum kontrollieren - Eignung des Fügeteils für diesen Primer kontrollieren - Punkte wie oben - Rücksprache mit dem Hersteller - Fügeteil ist zu verwerfen

11 Begriffserläuterungen

Abbinden	Verfestigen der Klebschicht, wodurch die Kohäsionskräfte entstehen.
Abbindezeit	Zeitspanne, innerhalb der die Klebung nach dem Zusammenfügen eine für die spezifische Beanspruchung notwendige Festigkeit erreicht.
Ablüften	(teilweises) Vortrocknen eines aufgetragenen Klebstoffs
Adhäsion	Bindungskräfte zwischen Fügeteilen und Klebstoffschichten (Haftkräfte des Klebstoffs auf den Fügeteilen)
Alterung	Künstliche Alterungen sind Kurz- bzw. Langzeitprüfungen, die in Laborversuchen mit simulierten Klimaten durchgeführt werden (Versuche zur bewußten Schädigung von Klebverbindungen)
Anpreßdruck	Anwenden von Druck auf die Klebschicht über die Fügeteile während der Aushärtung des Klebstoffs
Benetzen	Eigenschaft des Klebstoffs, sich in molekularen Dimensionen den Festkörperkonturen des zu verklebenden Werkstoffs anzupassen
Beschleuniger	Im Klebstoff nur in geringen Mengen enthalten. Setzt die Aushärtungstemperatur herab und verkürzt die Topfzeit

Bindemittel	Klebstoffbestandteil, der die Eigenschaften des ausgehärteten Klebstoffs im wesentlichen bestimmt
Datenblatt	Informationsschrift des Klebstoffherstellers zu seinem Produkt, die wesentliche Angaben enthält: Zusammensetzung, physikalische Eigenschaften, Lagerungsbedingungen, -stabilität, Eignung für Fügeteilwerkstoffe, Vorbehandlungsverfahren derselben, Verarbeitungsbedingungen, Toxidität, Entsorgung, Festigkeitswerte, Gefahrenhinweise etc. Die Angaben sind exakt einzuhalten
Diffusion	Wanderung von Flüssigkeiten und Gasen in bzw. durch Stoffe
Duroplast	Kunststoff, der bei normaler Temperatur sehr hart und spröde ist. Molekular ist er nach allen Richtungen räumlich eng vernetzt. Je nach Vernetzungsgrad wird er in der Wärme mehr oder weniger zähelastisch. Das Polymersystem ist temperaturstandfest, nicht plastisch verformbar, nicht schmelz- und schweißbar, unlöslich sowie nur schwach quellbar
Elastomer	Ein solches Polymersystem ist bei tiefer Temperatur hart, bei höherer Temperatur weich oder gummielastisch. Es ist nicht schmelzbar, unlöslich aber quellbar. Der makromolekulare Verbund ist geringfügig vernetzt, so daß verknäuelte Kettenteile zwischen den Vernetzungspunkten abgleiten können und sich strecken, aber nicht, wie bei Thermoplasten aneinander abfließen. Beim Nachlassen äußerer Kräfte nimmt das System wieder die ursprüngliche verknäuelte Lage ein
Fügeteil	Gegenstand, der mit einem anderen verklebt ist bzw. verklebt werden soll
Füllstoff	anorganische oder schwach quellbare organische Zusätze zu Klebstoffen und Kitten.

Ziel: Erhöhung des Körpergehaltes, Minderung von Schrumpfspannungen, Erhöhung der Fugenbeständigkeit

Haftklebstoff filmförmiger Klebstoff, der verhältnismäßig unspezifisches Haftungsverhalten zeigt, d.h. er klebt auf den meisten (trockenen) Oberflächen, wenn diese nicht allzu porös sind (z.B. Selbstklebebänder)

Haftvermittler Primer, in der Regel verdünnte Lösungen der Grundstoffe der nachfolgend verwendeten Klebstoffe, d.h. jeder Klebstoff benötigt seinen speziellen Haftvermittler. Diesem sind häufig noch Pigmente beigemischt. Neben dem Erhöhen der Klebfestigkeit dient er auch zum Konservieren, also schützen vorbehandelter Oberflächen

Katalysator vgl. --› Beschleuniger

Kleben Das Verbinden gleicher oder ungleicher Materialien mittels einer (für Metalle artfremden) kräfteübertragenden Substanz ohne Veränderung oder Beeinflussung der Fügeteilwerkstoffe durch den Verbindungsprozeß

Klebfestigkeit Summe aller adhäsiven und kohäsiven Wechselwirkungen, die bewirken, daß eine Klebung zusammenhält. Die Klebfestigkeit kann geprüft werden, wobei das jeweilige Prüfverfahren (vgl. Absch. 10) angegeben werden muß. Ohne diese Angabe ist der Festigkeitswert wertlos

Klebstoff Definition s. Absch. 1.3

Kohäsion Bindungskräfte im Klebstoff selbst

Lösemittel Flüssigkeiten, die in der Lage sind, Substanzen (hier: lösliche Klebstoffbestandteile) ohne chemische Veränderungen zu lösen

Monomer	allein existierende (beständige) kleine Moleküle, die die Grundbausteine der entstehenden Makromoleküle (Polymere) darstellen
Polyaddition	Reaktion zur Bildung von Makromolekülen (Polymeren). Funktionelle Gruppen der Monomere werden derartig miteinander verknüpft, daß, wie bei der Polymerisation, <u>keine</u> Nebenprodukte entstehen. Das hochmolekulare Endprodukt bezeichnet man als Polyaddukt (z.B. Polyurethan, Epoxidharz). Es kann sowohl kettenförmig (thermoplastisch) als auch räumlich vernetzt (duroplastisch) aufgebaut sein
Polykondensation	Viele Monomere verschiedener Art werden mit Wärme, Druck und Katalysatoren zu Makromolekülen verknüpft. Dabei wird ein Kondensat (meist Wasser) abgespalten (z.B. Phenolharz). Monomere mit zwei Verknüpfungsstellen bilden kettenförmige (thermoplastische), solche mit drei Verknüpfungsstellen räumlich vernetzte (duroplastische) Polykondensate
Polymer	Verknüpfung vieler, gleicher oder unterschiedlicher Monomere zu Makromolekülen
Polymerisation	Viele Monomere gleicher Art werden zu kettenartigen Großmolekülen (Makromoleküle) vereint (z.B. Cyanacrylat). Die entstehenden Polymerisate sind von gleicher elementaranalytischer Zusammensetzung wie die Ausgangsstoffe (Monomere), d.h. es werden <u>keine</u> niedermolekularen Stoffe abgespalten
Primer	Stark verdünnte (10 bis 20 %) Lösung der Klebstoffsubstanz, die auf frisch behandelten Metalloberflächen aufgesprüht oder aufgepinselt wird. Sie benetzen die Fügeteile vollständig und erbringen dadurch in einigen Fäl-

	len zusätzlich zum Schutz vor Verunreinigungen Festigkeitssteigerungen
Reaktionsklebstoff	Klebstoffe dieser Art binden durch chemische Reaktionen ab, d.h. die Polymerbildung und die damit verbundenen kohäsiven Eigenschaften des makromolekularen Verbundes erfolgt durch Verknüpfung vieler kleiner Moleküle (Monomere)
Thermoplast	Thermoplasten lassen sich innerhalb eines bestimmten Temperaturbereiches, beliebig oft zum plastischen Zustand erwärmen, ohne sich chemisch zu ändern. Ihre Kettenmoleküle sind nicht vernetzt. Sie sind schmelzbar, schweißbar, quellbar und löslich
Topfzeit	Zeitspanne während der ein Reaktionsklebstoff nach dem Mischen verarbeitet werden kann. Sie hängt von der Geschwindigkeit der für die Polymerbildung verantwortlichen chemischen Reaktionen ab und ist für ein erfolgreiches Kleben genauestens zu beachten
Zugscherfestigkeit	oder ältere Maßzahl für den Widerstand, den eine Klebverbindung einer mechanischen Zerstörung durch Scherbeanspruchung (= Schubbeanspruchung) entgegensetzt

12 Quellen und weiterführende Literatur

Bücher

Matting, A.: Metallkleben, Berlin: Springer 1969

TU Berlin, Der Präsident, (Hrsg.): Fertigungssystem Kleben, TUB-Dokumentation 21, Berlin 1984

Hinterwaldner, R.: Epoxidharz-Klebstoffe, Klebstoff-Monographien Bd. 1, München: Hinterwaldner 1973

Braun, A.; Cherdron, H.; Kern, W.: Praktikum der makromolekularen organischen Chemie, 3. Aufl., Heidelberg: Hüthig 1979

Endlich, W.: Kleb- und Dichtstoffe in der modernen Technik, Essen: W. Giradet 1982

Schliekelmann, R.J.: Metallkleben-Konstruktion und Fertigung in der Praxis (Fachbuchreihe "Schweißtechnik" Band 60), Düsseldorf: Deutscher Verlag für Schweißtechnik DVS 1972

Hartshorn, S.R: Structural Adhesives, New York: Plenum 1986

Wake, W.C.: Adhesion and the Formulation of Adhesives, 2nd Ed., London, New York: Applied Science Publ. 1982

Brockmann, W.: Grundlagen und Stand der Metallklebtechnik, Düsseldorf: VDI-Verlag 1971

Brockmann, W.; Henkhaus, R. (Hrsg.): Fertigungssystem Kleben, DECHEMA-Monographien Band 108, Weinheim: VCH

Michel, M.: Adhäsion und Klebtechnik, München: Hanser 1969

Fauner, G.; Endlich, W.: Angewandte Klebtechnik, München: Hanser 1979

Habenicht, G.: Kleben, Berlin: Springer 1986

VDI-Gesellschaft Kunststofftechnik (Hrsg.): Klebstoffe und Klebverfahren für Kunststoffe, Düsseldorf: VDI-Verlag 1974

Lieng-Huang, L.: Adhesive Chemistry, New York, London: Plenum Press 1984

Kinloch, A.J.: Durability of Structural Adhesives, London and New York: Applied Science Publ. 1983

Mittal, K.L.: Adhesive Joints, New York, London: Plenum Press 1984

Schneberger, G.L.: Adhesive in Manufactoring, New York, Basel: Marcel Dekker 1983

Brockmann, W.: Das Kleben von Stahl Merkblatt 382, Beratungsstelle für Stahlverwendung, 4. Aufl. Essen: Krupp Grafische Anstalt 1982

May, C.A. (Hrsg.): Epoxy Resins-Chemistry and Technology, 2. überarb. erw. Aufl., New York, Basel: Marcel Dekker 1988

Brockmann, W.; Dorn, L.; Käufer, H.: Kleben von Kunststoff mit Metall, Berlin: Springer 1988

Zeitschriften

International Journal of Adhesion and Adhesives
Butterworth Scientific Limited
Po Box 63, Westbury Hous, Bury Street,
Guildford, Surrey, GU2 5BH, UK.

Adhäsion
Heinrich Vogel Fachzeitschriften GmbH
Verlagsgruppe Bertelsmann
Neumarkter Straße 18, 8000 München 80

Journal of Adhesion
STBS Ltd.
One Bedford Street, London WC2E 9PP, UK.

Adhesive Age
Circulation Department "Adhesive Age"
6255 Barfield Road, Atlanta, GA 30328

Stichwortverzeichnis

W. Brockmann, L. Dorn, H. Käufer

Kleben von Kunststoff mit Metall

1988. Etwa 200 Seiten. Broschiert, in Vorbereitung.
ISBN 3-540-19115-1

Das Buch behandelt das Kleben von Kunststoffen mit Metallen in einer für den Praktiker verständlichen und verwertbaren Form und beinhaltet u. a. das Ergebnis eines vierjährigen interdisziplinären Forschungsvorhabens.
Schwerpunkt sind die Vorbehandlung der Kunststoffe, die industrielle Klebstoffverarbeitung sowie die Anforderungen an die Klebstoffe und das Langzeitverhalten von Kunststoff-Metallklebung.
Darüber hinaus wird auf die kritischen Punkte beim Kleben hingewiesen.
Dem Praktiker wird ein Leitfaden gegeben, wie er beim Kleben vorgehen soll, um möglichst optimale Ergebnisse zu erzielen. Durch die übersichtliche Zusammenfassung der Einflußgrößen auf die Qualität und Wirtschaftlichkeit beim Kleben wird das Buch zu einem Nachschlagewerk für Ingenieure und Praktiker.

Springer-Verlag Berlin
Heidelberg New York London
Paris Tokyo Hong Kong